2023 문화재수리 표준품셈

문화재청

목차

제1장 적용기준 / 19

- 1-1 목적 ··· 21
- 1-2 적용범위 ··· 21
- 1-3 적용방법 ··· 21
- 1-4 수량의 계산 ··· 23
- 1-5 설계서의 단위 및 소수의 표준 ··· 24
- 1-6 금액의 단위표준 ··· 26
- 1-7 재료 및 자재의 단가 ··· 27
- 1-8 주요자재 ··· 27
- 1-9 재료의 할증 ··· 28
- 1-10 재료의 단위중량 ··· 30
- 1-11 토질 및 암의 분류 ··· 31
- 1-12 재료시험 결과 이용 ··· 33
- 1-13 공구손료 및 잡재료 ··· 33
- 1-14 발생재의 처리 ··· 34
- 1-15 노임 ··· 34
- 1-16 노임의 할증 ··· 34
- 1-17 품의 할증 ··· 35
- 1-18 품질관리비 ··· 39
- 1-19 산업안전보건관리비 ··· 39
- 1-20 산업재해보상보험료 및 기타 ··· 40

1-21	사용료	40
1-22	소운반의 운반거리	40
1-23	석산 및 골재원	41
1-24	체적환산계수 적용	41
1-25	지하지반의 추정	43
1-26	운반로의 개설 및 유지보수	43
1-27	환경관리비	43
1-28	안전관리비	43
1-29	문화재수리보고서	44
1-30	조사연구	44

제2장 가설공사 / 45

2-0	적용기준	47
2-1	가설보호막설치	48
2-2	공사안내판설치	48
2-3	목재치목장(벽체없음)	49
2-4	보관시설	51
2-5	강관비계매기(미장·단청공사용)	52
2-6	수리용덧집(강관비계)	54
2-7	보양	55
2-8	한식진폴조립해체	55

제3장 기초공사 / 57

3-0	적용기준	59
3-1	잡석지정	60
3-2	판축지정	62
3-3	장대석지정	64
3-4	생석회다짐(기단)	65
3-5	생석회잡석다짐	66
3-6	초석해체	67
3-7	초석설치	67
3-8	터파기(문화재구역 내)	68
3-9	터파기(문화재구역 내, 기계장비)	68
3-10	잡석지정(기계장비)	69
3-11	판축지정(기계장비)	70
3-12	생석회잡석다짐(기계장비)	72
3-13	잡석지정해체	72
3-14	판축지정해체	73
3-15	장대석지정해체	74
3-16	생석회다짐(기단)해체	75
3-17	생석회잡석다짐해체	75
3-18	초석해체(기계장비)	76
3-19	초석설치(기계장비)	77

제4장 목공사 / 79

4-0	적용기준	81
4-1	축부재해체	85
4-2	평연부재해체	87
4-3	선연부재해체	89
4-4	포부재해체	91
4-5	4각치목(원목→4각)	92
4-6	8각치목(4각→8각)	93
4-7	16각치목(8각→16각)	93
4-8	기둥치목	94
4-9	보치목	95
4-10	창방치목	96
4-11	도리치목	97
4-12	장여치목	98
4-13	부연치목	99
4-14	평(말굽)서까래치목	100
4-15	선자서까래치목	100
4-16	추녀치목	101
4-17	사래치목	101
4-18	주두치목	102
4-19	소로치목	102
4-20	첨차치목	103
4-21	살미치목	104
4-22	익공치목	104

4-23	축부재조립	105
4-24	평연부재조립	107
4-25	선연부재조립	109
4-26	포부재조립	111
4-27	드잡이공사	112
4-28	기둥동바리이음	113
4-29	기둥치목(전동공구)	117
4-30	보치목(전동공구)	119
4-31	창방치목(전동공구)	121
4-32	도리치목(전동공구)	122
4-33	장여치목(전동공구)	124
4-34	부연치목(전동공구)	124
4-35	평(말굽)서까래치목(전동공구)	125
4-36	선자서까래치목(전동공구)	126
4-37	추녀치목(전동공구)	127
4-38	사래치목(전동공구)	127
4-39	주두치목(전동공구)	128
4-40	소로치목(전동공구)	128
4-41	첨차치목(전동공구)	129
4-42	살미치목(전동공구)	130
4-43	익공치목(전동공구)	130
4-44	연침구멍뚫기	131
4-45	연침구멍뚫기(전동공구)	131
4-46	연침설치	132
4-47	누리개설치	132

4-48　평(말굽)서까래치목(자연목) ·· 133

제5장 지붕공사 / 135

5-0　적용기준 ··· 137
5-1　기와해체 ··· 145
5-2　지붕해체(생석회다짐, 보토, 적심, 산자) ····························· 145
5-3　산자엮기 ··· 146
5-4　적심설치 ··· 146
5-5　보토다짐 ··· 147
5-6　생석회다짐(지붕) ··· 148
5-7　기와이기 ··· 149
5-8　마루기와이기 ··· 151
5-9　담장기와이기 ··· 152
5-10　와구토바르기 ··· 153
5-11　기와고르기 ··· 154
5-12　장식기와설치(용두) ··· 155
5-13　장식기와해체(용두) ··· 156
5-14　장식기와설치(절병통) ··· 158
5-15　초가알매흙치기 ··· 160
5-16　초가지붕처마기스락설치 ··· 160
5-17　이엉엮기 ··· 161
5-18　이엉이기 ··· 161
5-19　용마름엮기 ··· 162

5-20	용마름이기	162
5-21	고사새끼엮기	162
5-22	연죽설치	163
5-23	초가지붕해체	163
5-24	회첨골이기	164
5-25	착고기와따기	165
5-26	초가군새해체	165
5-27	초가군새설치	166
5-28	담장기와해체	166
5-29	진새치기	167

제6장 전돌공사 / 169

6-0	적용기준	171
6-1	전돌벽해체	172
6-2	다듬기(이물질제거)	173
6-3	전돌벽쌓기	173
6-4	문양쌓기	177
6-5	전돌깔기	179
6-6	줄눈바름	184

제7장 미장공사 / 187

7-0	적용기준	189
7-1	벽체해체	190
7-2	회벽긁어내기	191
7-3	생석회모르타르(1:1)	191
7-4	생석회모르타르(1:3)	192
7-5	외엮기	193
7-6	초벌바르기(초벽치기)	194
7-7	재벌바르기(고름질 포함)	195
7-8	정벌바르기	196
7-9	앙벽바르기	199
7-10	양성바르기	201
7-11	합각벽쌓기	202
7-12	고막이쌓기	203
7-13	앙벽해체	203
7-14	당골벽해체	204
7-15	당골벽바르기	205
7-16	생석회피우기	207
7-17	고막이해체	207
7-18	포벽해체	208
7-19	포벽바르기	209
7-20	화방벽해체	211
7-21	화방벽설치	213

제8장 창호공사 / 215

8-0	적용기준	217
8-1	창호떼내기	217
8-2	창호설치	218
8-3	세(띠)살창호제작	218
8-4	격자살창호제작	219
8-5	솟을살창호제작	219
8-6	아자·완자살창호제작	220
8-7	불발기창호제작	220
8-8	판문제작	221
8-9	대문제작	221
8-10	세(띠)살창호제작(전동공구)	222
8-11	격자살창호제작(전동공구)	222
8-12	솟을살창호제작(전동공구)	223
8-13	아자·완자살창호제작(전동공구)	223
8-14	불발기창호제작(전동공구)	224
8-15	판문제작(전동공구)	224
8-16	대문제작(전동공구)	225

제9장 온돌공사 / 227

9-0	적용기준	229
9-1	온돌해체	230
9-2	고래설치	230
9-3	구들놓기	231
9-4	방바닥미장바르기	232
9-5	아궁이설치	233
9-6	부뚜막설치	234
9-7	굴뚝설치	235
9-8	굴뚝해체	239
9-9	연도해체	240
9-10	연도설치	241

제10장 수장공사 / 243

10-0	적용기준	245
10-1	마루해체	247
10-2	난간해체	247
10-3	목재계단해체	248
10-4	천장해체	248
10-5	마루설치	249
10-6	난간설치	249
10-7	목재계단설치	250
10-8	천장설치	250

제11장 석공사 / 251

- 11-0 적용기준 ··· 253
- 11-1 거친돌해체 ··· 258
- 11-2 마름돌해체 ··· 259
- 11-3 채움석해체 ··· 261
- 11-4 할석 ·· 261
- 11-5 혹두기 ··· 262
- 11-6 정다듬(거친다듬) ·· 262
- 11-7 정다듬(고운다듬) ·· 262
- 11-8 도드락다듬(25눈) ·· 263
- 11-9 도드락다듬(64눈) ·· 263
- 11-10 도드락다듬(100눈) ·· 264
- 11-11 잔다듬(1회) ·· 264
- 11-12 잔다듬(2회) ·· 265
- 11-13 잔다듬(3회) ·· 265
- 11-14 거친돌쌓기 ··· 266
- 11-15 마름돌쌓기 ··· 267
- 11-16 채움석쌓기 ··· 269
- 11-17 거친돌해체(기계장비) ··· 269
- 11-18 마름돌해체(기계장비) ··· 271
- 11-19 정다듬(전동공구) ·· 272
- 11-20 도드락다듬(25눈, 전동공구) ······································ 273
- 11-21 도드락다듬(64눈, 전동공구) ······································ 273
- 11-22 도드락다듬(100눈, 전동공구) ···································· 273

11-23 거친돌쌓기(기계장비) ·································· 274
11-24 마름돌쌓기(기계장비) ·································· 275
11-25 거친돌(박석)깔기 ······································· 277
11-26 마름돌(박석)깔기 ······································· 278
11-27 여장쌓기 ··· 279
11-28 거친돌계단해체 ·· 279
11-29 거친돌계단설치 ·· 280
11-30 마름돌계단설치 ·· 280
11-31 마름돌계단해체 ·· 281
11-32 정다듬(거친다듬, 무쇠정) ······························ 281
11-33 정다듬(고운다듬, 무쇠정) ······························ 282
11-34 할석(전동공구) ·· 282
11-35 형태가공(전동공구) ····································· 283

제12장 석조물공사 / 285

12-0 적용기준 ·· 287
12-1 석탑해체 ·· 290
12-2 승탑해체 ·· 291
12-3 석등해체 ·· 292
12-4 석비해체 ·· 293
12-5 홍예해체 ·· 294
12-6 석탑조립 ·· 295
12-7 승탑조립 ·· 296

12-8	석등조립	297
12-9	석비조립	298
12-10	홍예조립	299

제13장 단청공사 / 301

13-0	적용기준	303
13-1	문양초본도	307
13-2	문양모사도	308
13-3	문양견본도	310
13-4	타초본만들기	311
13-5	면닦기(바탕면만들기 포함)	313
13-6	바탕면포수(아교)	314
13-7	바탕면포수(아크릴에멀죤)	315
13-8	석간주가칠	315
13-9	뇌록가칠	316
13-10	뇌록가칠(창호)	317
13-11	타분	317
13-12	먹긋기	318
13-13	색긋기	319
13-14	모로단청	320
13-15	금모로단청	321
13-16	금단청	322
13-17	별화	323

13-18 벽화 ··· 324
13-19 들기름칠 ·· 325
13-20 면닦기(단청제거) ·· 325
13-21 석간주가칠(전통소재단청) ·· 326
13-22 뇌록가칠(전통소재단청) ·· 326
13-23 뇌록가칠- 창호(전통소재단청) ································· 327
13-24 먹긋기(전통소재단청) ·· 328
13-25 색긋기(전통소재단청) ·· 329
13-26 모로단청(전통소재단청) ·· 330
13-27 금모로단청(전통소재단청) ·· 331
13-28 금단청(전통소재단청) ·· 332
13-29 별화(전통소재단청) ·· 333

제14장 유구정비공사 / 335

14-0 적용기준 ·· 337
14-1 석재드잡이 ·· 338
14-2 유구현장보존(경화처리) ·· 339
14-3 유구이전보존 ·· 340

목차 • 17

제15장 기타공사 / 343

- 15-0 적용기준 ··· 345
- 15-1 벽지(반자지)바르기 ··· 346
- 15-2 장판지바르기 ··· 347
- 15-3 창호지바르기 ··· 347
- 15-4 판축담쌓기 ··· 348
- 15-5 토담쌓기 ··· 349
- 15-6 토석담쌓기 ··· 349
- 15-7 거친돌담쌓기 ··· 350
- 15-8 돌각담쌓기 ··· 351
- 15-9 사괴석담쌓기 ··· 352
- 15-10 사괴석만들기 ··· 352
- 15-11 와편담해체 ··· 353
- 15-12 와편담쌓기 ··· 354
- 15-13 토석담해체 ··· 356
- 15-14 사괴석만들기(전동공구) ··· 356
- 15-15 담장속채움해체 ··· 357
- 15-16 담장속채움 ··· 357

제16장 보존처리공사 / 359

- 16-0 적용기준 ··· 361
- 16-1 방염제도포 ··· 362

16-2	방부방충제도포	362
16-3	훈증소독	363
16-4	토양처리	364
16-5	목재수지처리	365
16-6	석재수지처리	366
16-7	석재성형	367
16-8	세척	368

제17장 식물보호공사 / 371

17-0	적용기준	373
17-1	병해충 방제	377
17-2	수목 상처치료	380
17-3	뿌리치료	383
17-4	수형 유지관리	387
17-5	안전대책	388
17-6	영양공급	390
17-7	수림지관리	391
17-8	재검토 기한	393

제1장 적용기준

제1장 적용기준

1-1 목적

　정부 등 공공기관에서 시행하는 문화재수리 및 이에 준하는 공사의 적정한 예정가격을 산정하기 위한 일반적인 기준을 제공하는 데 있다.

1-2 적용범위

　국가기관, 지방자치단체, 정부투자기관 및 위 기관의 감독과 승인을 요하는 기관에서는 본 표준품셈을 문화재수리 및 이에 준하는 공사의 예정가격산정의 기초로 활용한다.

1-3 적용방법

1. 문화재수리 및 이에 준하는 공사의 예정가격 산정은 본 표준품셈을 활용한다.

2. 본 표준품셈에서 제시된 품은 일일작업시간 8시간을 기준으로 한 것이다.

3. 본 표준품셈은 문화재 공사중 보편적인 공종, 수리방법을 기준으로 한 것이며 문화재 특성, 현장여건 및 기타 조건에 따라 조정하여 적용한다.

4. 본 표준품셈에서 명시되지 않은 사항은 각종사업을 시행하는 국가기관, 지방자치단체, 정부투자기관 등의 장의 책임하에 예정가격 산정기준을 결정하여 적용한다.

5. 문화재수리 및 이에 준하는 공사의 예정가격산정은 문화재 특성, 공사규모, 공사기간 및 현장여건 등을 감안하여 가장 합리적인 수리방법을 채택 적용한다.

6. 본 표준품셈에 명시되지 않은 품으로서 국토교통부 등 국가기관에서 제정한 타분야(건축, 토목, 조경 등) 표준품셈에 명시된 품은 그 품을 적용한다.

7. 의장성, 작품성, 상징성이 요구되는 사항은 견적 등 별도로 계상한다.
   ① 목공사(현판, 닫집, 보개천장, 용두 등), 석공사(해치상 등) 등의 조각물
   ② 꽃살창호
   ③ 꽃담
   ④ 주문생산(특수한 기와·전돌 등)
   ⑤ 글자 새김, 상량문 작성 등
   ⑥ 물가기준 자료에 없는 재료

8. 고증, 관계전문가 자문이 필요한 경우에는 별도 계상한다.

9. 소방법, 총포·도검·화약류단속법, 산업안전보건법, 산업재해보상보험법, 건설기술 진흥법, 대기환경보전법, 소음·진동규제법 등 관계법령이나 계약조건에 따라 소요되는 비용은 별도로 계상한다.

10. 각 발주기관에서 위 항에 의하여 별도로 결정하여 적용한 품셈이 표준품셈 보완에 반영할 필요가 있다고 인정될 경우에는 그 자료를 표준품셈관리단체(문화재청)에 제출한다.

1-4 수량의 계산

1. 수량의 단위 및 소수위는 표준품셈 단위표준에 의한다.

2. 수량의 계산은 지정소수위 이하 1위까지 구하고, 끝수는 4사5입 한다.

3. 계산에 쓰이는 분도는 분까지, 원둘레율, 삼각함수 및 호도의 유효숫자는 3자리로 한다.

4. 면적계산은 수학공식(數學公式)에 의하는 외에 삼사법(三斜法) 또는 구적기(求積器)로 한다. 다만, 구적기를 사용할 경우에는 3회 이상 측정하여 그 중 정확하다고 생각되는 평균값으로 한다.

5. 체적계산은 의사공식(擬似公式)에 의함을 원칙으로 하나 토사체적은 양단면적을 평균한 값에 그 단면간의 거리를 곱하여 산출하는 것을 원칙으로 한다. 단, 거리 평균법으로 고쳐서 산출할 수도 있다.

6. 다음에 열거하는 것의 면적과 체적은 구조물의 수량에서 공제하지 아니한다.

    ◦ 따내기, 홈파기, 파내기, 그레질, 후리기, 바데떼기, 모접기, 소매걷이, 새김질, 초각, 쇠시리, 흘림 및 이에 준하는 것

7. 성토 및 사석공의 준공토량은 성토 및 사석공 설계도의 양으로 한다. 그러나 지반침하량은 지반성질에 따라 가산할 수 있다.

8. 절토량은 자연상태의 설계도의 양으로 한다.

1-5 설계서의 단위 및 소수의 표준

종목			규격		단위수량		비고
			단위	소수	단위	소수	
모		래			m³	3위	
채 움	자	갈	mm		m³	2위	
잡		석	mm		m³	2위	
석		재	mm		m³	2위	
간	사	석	mm		개	단위한	
사	괴	석	mm		개	단위한	
구	들	장	mm		m³	1위	
전		돌	mm		매	2위	
수	키	와	대와		매	2위	
			중와		매	2위	
			소와		매	2위	
암	키	와	대와		매	2위	
			중와		매	2위	
			소와		매	2위	
생	석	회			kg	3위	
백	시 멘	트			kg	3위	
마	사	토			m³	3위	
진		흙			m³	3위	
목		재			m³	3위	
산		자	mm		m³	2위	
중		깃	mm		m	1위	
힘		살	mm		m	1위	
가	시	새	mm		m	1위	
죽		재	mm		m	1위	
눌		외	mm		m	1위	

종목	규격		단위수량		비고
	단위	소수	단위	소수	
설 외	mm		m	1위	
새 끼	mm		m	2위	
풀			kg	2위	
여 물			kg	2위	
볏 단			kg	1위	
함 석 류	mm		m²	2위	
방 부 방 충 제			L	1위	
방 염 제			L	1위	
초 배 지	mm		m²	2위	
재 배 지	mm		m²	2위	
정 배 지	mm		m²	2위	
장 판 지	mm		m²	2위	
창 호 지	mm		장	단위한	
아 크 릴 에 멀 죤			L	2위	
아 교			g	2위	
호 분			g	2위	
Lead Red			g	2위	
Cyanine Green			g	2위	
Iron Oxide Red			g	2위	
Iron Oxide Yellow			g	2위	
Emerald Green			g	2위	
Ultramarine Blue			g	2위	
Toluidine Red			g	2위	
Titanium Dioxide			g	2위	
Permanent Black			g	2위	
Permanent Orange G			g	2위	

[주] ① 설계서 수량의 단위와 소수위 표시는 「1-5 설계서의 단위 및 소수의 표준」표에 따르고, 본 표에서 지정한 소수위 이하 1위까지 구하고, 끝수는 4사5입 한다.
② 일위대가표 또는 설계기초 계산 과정에서 표준품셈의 내용에 따르는 것으로 한다.
③ 「1-5 설계서의 단위 및 소수의 표준」표에 없는 품종에 대하여는 S.I. 단위로 하는 것을 원칙으로 하며 단위는 그 가격에 따라 의사 품종의 소수위의 정도를 채용토록 한다.
④ 전통단위(尺, 寸 등)는 필요 시 담당자와 협의하여 병기할 수 있다.

1-6 금액의 단위표준

일위대가표 금액란 또는 기초계산금액에서 소액이 산출되어 공종이 없어질 우려가 있어 소수위 1위 이하의 산출이 불가피할 경우에는 소수위의 정도를 조정 계산할 수 있다.

종목	단위	지위 (止位)	비고
설계서의 총액	원	1,000	이하 버림 (단, 10,000원 이하의 공사는 100원 이하 버림)
설계서의 소계	원	1	미만 버림
설계서의 금액란	원	1	미만 버림
일위대가표의 계금	원	1	미만 버림
일위대가표의 금액란	원	0.1	미만 버림

1-7 재료 및 자재의 단가

1. 재료 및 자재 단가는 거래실례가격 또는 통계법 제4조의 규정에 의한 지정기관이 조사하여 공표한 가격, 감정가격, 유사한 거래실례가격, 견적가격을 기준하며, 적용순서는 "국가(또는 지방자치단체)를 당사자로 하는 계약에 관한 법률 시행규칙" 제7조의 규정에 따른다.

2. 재료 및 자재단가에 운반비가 포함되어 있지 않은 경우에는 구입장소부터 현장까지의 운반비를 계상할 수 있다.

1-8 주요자재

1. 공사에 대한 주요자재의 관급은 "국가(또는 지방자치단체)를 당사자로 하는 계약에 관한 법률 시행규칙" 및 기획재정부 계약예규 등 관계규정이나 계약조건에 따른다.

2. 자재구입은 필요에 따라 시방서를 작성하고 그 물건의 기능, 특징, 용량, 제작방법, 성능, 시험방법, 부속품 등에 관하여 명시하여야 한다.

3. 설계도서에 정한 재료를 사용함을 원칙으로 하며, 설계도서에 정한 바가 없는 경우에는 문화재수리 표준시방서에 제시된 재료, KS규격품의 순으로 사용토록 한다.

1-9 재료의 할증

재료의 할증은 일반적으로 다음의 기준 이내에서 적용한다. 다만, 품셈의 각 항목에 할증률이 포함 또는 표시되어 있는 것에 대하여는 본 할증률을 적용하지 아니한다.

1. 목재

재료	할증률(%)
원목(原木)	
원 목 → 원 형 재	25
원 목 → 각 형 재	40
제재목(製材木)	
원　　형　　재	10
각　　형　　재	10
판　　　　　재	20
세 살 재 , 울 거 미	40

[주] ① 추녀, 포부재 등 정밀가공을 요하거나 특별한 구조형태를 만들고자 할 때는 소요부재의 특성을 검토하여 재료의 선택, 할증의 범위를 실용적으로 적용할 수 있다. 특수한 모양일 때는 별도 실용수치로 할증을 가산할 수 있다.

② 원목(原木)은 베어 낸 그대로 아직 치목하지 않은 목재를 말한다.

③ 제재목(製材木)은 원목(原木)을 소요치수, 형태(4각, 8각, 16각 등)로 치목한 목재를 말한다.

④ 평서까래의 할증은 원목 → 원형재를 적용하고, 선자서까래(복합부재)의 할증은 원목 → 각형재를 적용한다.

2. 석재

재료	할증률(%)
원석(마름돌용)	30
정형물	10
부정형물	
면석·박석용	30
채움석용	10

3. 기타

재료	할증률(%)
생석회	3
모래(구조물기초 부설재료)	4
부순돌, 자갈, 막자갈	4
흙	6
한식기와	5
전돌(방전, 전벽돌)	3
단청안료	2

1-10 재료의 단위중량

재료의 단위중량은 입경, 습윤도 등에 따라 달라지므로 시험에 의하여 결정하여야 하며, 일반적인 추정 단위중량은 다음과 같다.

종 별	형상	단위	중량(kg)	비고
암 석	화강암	m³	2,600~2,700	자연상태
	안산암	m³	2,300~2,710	〃
	사 암	m³	2,400~2,790	〃
	현무암	m³	2,700~3,200	〃
자 갈	건 조	m³	1,600~1,800	〃
	습 기	m³	1,700~1,800	〃
	포 화	m³	1,800~1,900	〃
모 래	건 조	m³	1,500~1,700	〃
	습 기	m³	1,700~1,800	〃
	포 화	m³	1,800~2,000	〃
점 토	건 조	m³	1,200~1,700	〃
	습 기	m³	1,700~1,800	〃
	포 화	m³	1,800~1,900	〃
점 질 토	보통의 것	m³	1,500~1,700	〃
	역이 섞인 것	m³	1,600~1,800	〃
	역이 섞이고 습한 것	m³	1,900~2,100	〃
모 래 질 흙		m³	1,700~1,900	〃
자 갈 섞 인 토 사		m³	1,700~2,000	〃
자 갈 섞 인 모 래		m³	1,900~2,100	〃
호 박 돌		m³	1,800~2,000	〃
사 석		m³	2,000	〃
조 약 돌		m³	1,700	〃
목 재	생송재 (生松材)	m³	800	〃

종별	형상	단위	중량(kg)	비고
소　나　무	건재(乾在)	m³	580	
소 나 무 (적 송)	건재	m³	590	
미　　　　송		m³	420~700	
시　멘　트		m³	3,150	
시　멘　트		m³	1,500	자연상태
물		m³	1,000	

[주] 본 표에 없는 품종에 대하여는 단위 비중시험에 의한 측정결과치에 따르거나 문헌에 의한다.

1-11 토질 및 암의 분류

1. 보통토사 : 보통상태의 실트 및 점토, 모래질 흙 및 이들의 혼합물로서 삽이나 괭이를 사용할 정도의 토질(삽 작업을 하기 위하여 상체를 약간 구부릴 정도)

2. 경질토사 : 견고한 모래질 흙이나 점토로서 괭이나 곡괭이를 사용할 정도의 토질

3. 고사 점토 및 자갈 섞인 토사 : 자갈질 흙 또는 견고한 실트, 점토 및 이들의 혼합물로서 곡괭이를 사용하여 파낼 수 있는 단단한 토질

4. 호박돌 섞인 토사 : 호박돌 크기의 돌이 섞이고 굴착에 약간의 화약을 사용해야 할 정도로 단단한 토질

5. 풍화암 : 일부는 곡괭이를 사용할 수 있으나 암질(岩質)이 부식되고 균열이 1~10cm 정도로서 굴착 또는 절취에는 약간의 화약을 사용해야 할 암질

6. 연암 : 혈암, 사암 등으로서 균열이 10~30cm 정도로서 굴착 또는 절취에는 화약을 사용해야 하나 석축용으로는 부적합한 암질

7. 보통암 : 풍화상태는 엿볼 수 없으나 굴착 또는 절취에는 화약을 사용해야 하며 균열이 30~50cm 정도의 암질

8. 경암 : 화강암, 안산암 등으로서 굴착 또는 절취에 화약을 사용해야 하며 균열상태가 1m 이내로서 석축용으로 쓸 수 있는 암질

9. 극경암 : 암질이 아주 밀착된 단단한 암질

[주] 표준품셈에 표시되는 돌재료의 분류는 다음을 기준으로 한다.
① 모암(母岩) : 석산에 자연상태로 있는 암을 모암이라 한다.
② 원석(原石) : 석산에서 켜낸 면을 인력이나 기계로 가공하지 않고 켜낸 상태대로 면을 유지한 돌의 총칭
③ 거친돌 : 마름질이나 다듬질을 하지 않은 면이 거친 상태의 돌
④ 마름돌 : 채석장에서 떠낸 원석을 일정한 규격으로 마름질한 돌
⑤ 다듬돌 : 장대석과 같이 일정한 규격으로 다듬은 정다듬 이상의 돌
⑥ 막다듬돌(荒切石) : 다듬돌을 만들기 위하여 다듬돌의 규격 치수의 가공에 필요한 여분의 치수를 가진 돌
⑦ 깬돌(割石) : 견치돌에 준한 재두방추형(裁頭方錐形)으로서 견치돌보다 치수가 불규칙하고 일반적으로 뒷면(後面)이 없는 돌로서 접촉면의 폭(合端)과 길이는 각각 전면의 일변의 평균길이의 약 1/20과 1/3이 되는 돌
⑧ 깬잡석(雜割石) : 모암에서 일차 폭파한 원석을 깬 돌로서, 전면의 변의 평균 길이는 뒷길이의 약 2/3되는 돌
⑨ 사석(捨石) : 막 깬돌 중에서 유수에 견딜 수 있는 중량을 가진 큰 돌
⑩ 잡석(雜石) : 크기가 지름 10~30cm 정도의 것이 크고 작은 알로 고루고루 섞여져 있으며 형상이 고르지 못한 큰 돌
⑪ 전석(轉石) : 1개의 크기가 0.5㎥ 이상 되는 석괴
⑫ 야면석(野面石) : 천연석으로 표면을 가공하지 않은 것으로서 운반이 가능하고 공사용으로 사용될 수 있는 비교적 큰 석괴
⑬ 호박돌(玉石) : 호박형의 천연석으로서 가공하지 않은 지름 18cm 이상의 크기의 돌
⑭ 조약돌(栗石) : 가공하지 않은 천연석으로서 10~20cm 정도의 계란형의 돌

⑮ 부순돌(碎石) : 잡석을 지름 0.5~10cm 정도의 자갈 크기로 작게 깬돌
⑯ 굵은자갈(大砂利) : 가공하지 않은 천연석으로서 지름 7.5~20cm 정도의 돌
⑰ 자갈(砂利) : 천연석으로서 굵은자갈보다 알이 작고 지름 0.5~7.5cm 정도의 둥근 돌
⑱ 역(礫) : 천연적인 굵은 자갈과 작은 자갈이 고루고루 섞여져 있는 상태의 돌
⑲ 굵은모래(粗砂) : 천연산으로서 지름 0.25~2mm 정도 크기의 돌 성분
⑳ 잔모래(細砂) : 천연산으로서 지름 0.05~0.25mm 정도 크기의 돌 성분
㉑ 돌가루(石粉) : 돌을 바수어 가루로 만든 것
㉒ 진흙 : 질척질척하게 짓이겨진 흙
㉓ 마사(磨砂) : 점성(粘性)이 없는 백토(白土)

1-12 재료시험 결과 이용

설계는 재료시험에 의하여 제원을 결정함을 원칙으로 한다.

1-13 공구손료 및 잡재료

1. 표준품셈에 명시되어 있는 공구손료, 잡재료에 대하여는 이를 계상한다.

2. 표준품셈에 명시되어 있지 않은 공구손료, 잡재료 등을 계상하고자 할 때에는 다음에 따라 별도 계상하되 산정근거를 명시하여야 한다.

   ① 공구손료는 일반공구(전동공구 포함) 및 시험용 계측기구류의 손료로서 공사 중 상시 일반적으로 사용하는 것을 말하며 직접노무비(노임할증과 작업시간 증가에 의하지 않은 품할증 제외)의 3%까지 계상하며 특수공구(석공사 등) 및 특수계측기구류의 손료는 별도 계상한다.

   ② 잡재료 및 소모재료는 설계내역에 표시하여 계상하되 주재료비의 2~5%까지 계상한다.

1-14 발생재의 처리

1. 사용고재 및 발생재의 처리는 다음 표에 의하여 그 대금을 설계 당시 미리 공제한다.

품명	공제율
사용고재(시멘트 공대 및 공드람 제외)	90%
강재스크랩(Scrap)	70%
기타발생재	발생량

[주] ① 공제금액 계산 : 발생량×공제율×고재단가

② 시공 도중 발생되었거나 수량의 변동을 가져왔을 경우에는 설계변경 한다.

③ 폐기물(부식재, 잔토 등)처리는 별도의 수수료와 운반비를 적용하여 반출토록 한다.

1-15 노임

노임은 관계법령의 규정에 따른다.

1-16 노임의 할증

근로시간을 벗어난 시간외, 야간 및 휴일의 근무가 불가피한 경우에는 근로기준법 제50조, 제56조, 유해·위험작업인 경우에는 산업안전보건법 제46조에 정하는 바에 따른다.

1-17 품의 할증

1. 품의 할증은 필요한 경우 다음의 기준 이내에서 적정공사비 산정을 위하여 공사규모, 현장조건 등을 감안하여 적용하고, 품셈 각 항목별 할증이 명시된 경우에는 각 항목별 할증을 우선 적용한다.

2. 군작전지구내에서 작업능률에 현저한 저하를 가져올 경우에는 인력품을 20%까지 가산한다.

3. 도서지구(본토에서 인력 동원파견시), 도로개설이 불가능한 산악지에서는 인력품을 50%까지 가산한다.

4. 야간작업
   PERT/CPM공정계획에 의한 공기산출결과 정상작업(정상공기)으로는 불가능하여 야간작업을 할 경우나 공사성질상 부득이 야간작업을 하여야 할 경우에는 인력품을 25%까지 가산한다.

5. 고층 특수건물공사에서 고소작업 및 기타의 능률저하를 고려하여 본 품셈에서 각 공종별 할증이 감안되지 않은 사항에 대하여 인력품을 가산할 수 있다.

6. 소단위공사
   건축물 연면적이 10㎡ 이하일 때는 인력품을 50% 가산한다.
   ※ 면적 : 건축물 기둥의 중심선으로 둘러싸인 부분의 수평투영면적

7. 지세별 할증률
   ① 평탄지 0%(13. 지세구분내역 참조)
   ② 야산지 25%(13. 지세구분내역 참조)
   ③ 물이 있는 논 20%
   ④ 소택지 또는 깊은 논 50%
   ⑤ 주택가 15%

8. 위험할증률
   ① 고소작업 지상   5~10m 20%
      (비계틀 불사용) 10~15m 30%
                    15~20m 40%
                    20~30m 50%
                    30~40m 60%
                    40~50m 70%
                    50~60m 80%
      60m 이상의 경우에는 매 10m 증가시마다 10%씩 가산한다.

   ② 고소작업 지상   10m 이상 10%
      (비계틀 사용)   20m 이상 20%
                    30m 이상 30%
                    50m 이상 40%
      70m 이상의 경우에는 매 20m 증가시마다 10%씩 가산한다.

9. 특수작업 할증률
   ① 작업의 중요성 또는 특별한 시방에 따라 문화재 분야 외 타 분야의 특수한 기술과 안전관리 등을 위하여 기술원(기술자, 기술사 및 기사, 특수자격자, 특수기능사, 안전관리자, 방제기술자 등) 및 감독원이 투입될 경우에는 필요에 따라 본 작업에 대하여 인력품을 5~10%까지 가산한다.

   ② 특별한 사양 및 공법이 필요한 작업에 대하여 인력품을 5~10%까지 가산한다.

10. 기타 할증률
    ① 아래와 같은 이유로 작업 능력저하가 현저할 경우에는 인력품을 50%까지 가산할 수 있다.

    - 동일 장소에 수종의 장비가동
    - 작업장소의 협소
    - 소음
    - 진동
    - 위험
    - 특수한 단청문양 보호 등
    - 실측조사를 할 경우

    ② 기타 작업조건이 특수하여 작업시간 및 통행제한으로 작업능률저하가 현저할 경우에는 인력품을 별도 가산할 수 있다.

11. 원거리작업, 계속이동작업, 분산작업 시는 집합 장소로부터 작업장소까지 도달하기 위하여 상당한 왕복시간(열차, 차량, 도보)이 요하거나 또는 작업장소가 분산되어 있어 이동에 상당한 시간이 요하여 실작업시간이 현저하게 감소될 경우에는 50%까지 가산할 수 있다. 단, 상기 도달시간(왕복) 또는 이동시간이 1시간 이내의 경우에는 특별한 경우를 제외하고는 적용하지 않는다.

12. 할증의 중복가산요령

    $W = 기본품 \times (1 + a_1 + a_2 + a_3 \cdots + a_n)$

    단, 동일 성격의 품할증 요소의 이중 적용은 불가함.
    W : 할증이 포함된 품
    기본품 : 각 항 [주]란의 필요한 할증·감 요소가감 안된 품
    $a_1 \sim a_n$: 품할증 요소

13. 지세구분내역

구분	지구	평탄지	야산지	산악지
지형		평지 또는 보통 야산지대로서 교통이 편리한 곳	험한 야산지대 및 수목이 우거진 보통 산악지대로서 교통이 불편한 곳	산림이 우거진 험준한 산악지대로서 교통이 극히 불편한 곳
지세		평지 또는 보통 야산	험한 야산 또는 보통 산악	험한 산악
높이 기준	해발	100m 미만	300m 미만	300m 이상
	표고	50m 미만	150m 미만	150m 이상
통행 조건	도로	대소로(유)	대로(무)	대소로(무)
	구배	완만	완급	극급
	통행	양호	불편	극히불량
자연 환경	지세	양호	불편	불량
	수목	소수 또는 소목	보통 또는 약간 울창	울창
	기상	보통	불편	불편
기타 조건	교통편	차도에서 500m 이내	차도에서 1km 이내	차도에서 1km 이상
	숙소	편리	불편	극히 불편
	통신	편리	불편	불가
	인력 동원	편리	불편	불가

[주] 교통

차도 : 대형차(6Ton트럭 정도)의 통행가능 도로

편리 : 대형차의 통행가능

불편 : 소형차 또는 리어카 정도 통행가능

극히 불편 : 사람이외에 통행불가

※ 공사단위(대, 중, 소) 및 성질별로 할증률을 감안 적용한다.

표고 : 활동중심구역 내에서의 거리 300m 기준

구배 : 완만 : 사거리 100m 미만으로 수평각 15도 미만 정도
　　　완급 : 사거리 100m 이상으로 수평각 30도 미만 정도
　　　극급 : 사거리 100m 이상으로 수평각 30도 이상 정도

지구선정기준 : 상기 지세구분 내역의 2/3이상 해당되는 대상을 선정

1-18 품질관리비

1. 품질관리에 필요한 비용은 건설기술 진흥법 제56조 제1항의 규정을 준용하여 관련 항목을 공사금액에 별도 계상할 수 있다.

2. 품질관리비는 건설기술 진흥법 시행규칙 제53조 제1항에서 규정하고 있는 바와 같이 품질관리계획 또는 품질시험계획에 의한 품질관리활동에 소요되는 비용을 말한다.

   [참고] 문화재수리공사의 품질관리시험비 계상시 건설기술관리법 시행규칙에 명시되지 않은 것으로 고려할 사항은 시험시공비, 특수시험비(석재 성분분석, 목재 연륜연대분석 등), 특수공종의 측량 및 규격검측비 등이 있다.

1-19 산업안전보건관리비

1. 문화재수리현장에서 산업재해 예방에 필요한 산업안전보건관리비는 산업안전보건법 제30조 제1항의 규정에 의거 공사금액에 계상한다.

2. 공사금액에 계상된 산업안전보건관리비는 고용노동부가 고시한 "건설업 산업안전보건관리비 계상 및 사용기준" 별표2의 사용내역 및 기준에 따라 사용한다.

1-20 산업재해보상보험료 및 기타

1. 공사원가계산에 있어 간접노무비, 경비, 일반관리비, 이윤과 산업재해보상보험료 및 기타 이와 유사한 사항은 기획재정부 계약예규와 산업재해 보상보험법 등 관계규정에 따른다.

2. 시공과정에서 필요로 하는 보상비(직접, 간접 및 일시보상 등)는 현장여건에 따라 별도 계상할 수 있다.

1-21 사용료

1. 계약에 따른 특허료와 기술료 등에 대한 비용을 계상할 수 있다.

2. 공사에 필요한 경비 중 전력비, 수도광열비, 운반비, 기계경비, 가설비, 시험검사비, 지급임차료 등을 계상할 수 있다.

1-22 소운반의 운반거리

1. 품에 포함된 소운반이라 함은 작업장내에서 작업과 연관된 소운반을 말한다.

2. 품에 포함된 것으로 규정된 소운반 거리는 20m 이내의 거리를 말한다.

3. 소운반품이 포함된 품에 있어서 소운반 거리가 20m를 초과할 경우에는 초과분에 대하여 이를 별도 계상한다.

4. 경사면의 소운반 거리는 직고 1m를 수평거리 6m의 비율로 본다.

1-23 석산 및 골재원

1. 석산 및 골재원은 품질과 양 및 거리 등을 감안하고 경제성을 고려하여 설계하여야 하며, 기계채집, 인력채집, 거래가격(상차도 실례가격) 중에서 현장 여건에 맞추어 설계하여야 한다.

2. 국유지인 경우에는 필요한 조치를 취하여 사용토록 한다.

1-24 체적환산계수 적용

1. 토공에 있어 토질 시험하여 적용하는 것을 원칙으로 하나 소량의 토량인 경우에는 표준품셈의 체적환산계수표에 따를 수도 있다.

2. 체적의 변화

$$L = \frac{흐트러진\ 상태의\ 체적(m^3)}{자연상태의\ 체적(m^3)}$$

$$C = \frac{다져진\ 상태의\ 체적(m^3)}{자연상태의\ 체적(m^3)}$$

3. 체적환산계수(f)표

기준이 되는 q \ 구하는 Q	자연상태의 체적	흐트러진 상태의 체적	다져진 후의 체적
자연상태의 체적	1	L	C
흐트러진 상태의 체적	1/L	1	C/L

4. 체적의 변화율

종별	L	C
경 암 (硬 岩)	1.70~2.00	1.30~1.50
보 통 암 (普 通 岩)	1.55~1.70	1.20~1.40
연 암 (軟 岩)	1.30~1.50	1.00~1.30
풍 화 암 (風 化 岩)	1.30~1.35	1.00~1.15
호 박 돌 (玉 石)	1.10~1.15	0.95~1.05
역 (礫)	1.10~1.20	1.05~1.10
역 질 토 (礫 質 土)	1.15~1.20	0.90~1.00
고결(固結)된 역질토(礫質土)	1.25~1.45	1.10~1.30
모 래 (砂)	1.10~1.20	0.85~0.95
암괴(岩塊)나 호박돌이 섞인 모래	1.15~1.20	0.90~1.00
모 래 질 흙	1.20~1.30	0.85~0.90
암괴(岩塊)나 호박돌이 섞인 모래질흙	1.40~1.45	0.90~0.95
점 질 토	1.25~1.35	0.85~0.95
역(礫)이 섞인 점질토(粘質土)	1.35~1.40	0.90~1.00
암괴(岩塊)나 호박돌이 섞인 점질토	1.40~1.45	0.90~0.95
점 토 (粘 土)	1.20~1.45	0.85~0.95
역 이 섞 인 점 질 토	1.30~1.40	0.90~0.95
암괴(岩塊)나 호박돌이 섞인 점토	1.40~1.45	0.90~0.95

[주] 암(경암·보통암·연암)을 토사와 혼합성토할 때는 공극 채움으로 인한 토사량을 계상할 수 있다.

1-25 지하지반의 추정

지하지반은 토질조사시험에 따라 설계하는 것을 원칙으로 한다. 다만, 공사량이 소규모인 경우에는 지형 또는 표면상태에 의하여 추정설계할 수 있다.

1-26 운반로의 개설 및 유지보수

운반로의 신설 또는 유지보수는 작업량을 감안하여 작업속도가 증가됨으로써 신설 또는 유지 보수하지 않을 때보다 경제적일 경우에만 계상해야 한다.

1-27 환경관리비

문화재수리 시 환경오염을 방지하고 폐기물을 적정하게 처리하기 위해 필요한 환경보전비·폐기물처리 및 재활용비 등 환경관리비는 건설기술진흥법 시행규칙 제61조의 규정을 준용하여 별도 계상할 수 있다.

1-28 안전관리비

1. 문화재수리 시 안전관리에 필요한 안전관리비는 건설기술진흥법 제62조의 규정을 준용하여 공사금액에 다음과 같은 항목을 계상할 수 있다.

    ① 안전관리계획의 작성 및 검토 비용
    ② 같은 법 시행령 제100조 제1항의 규정에 의한 안전점검비용
    ③ 발파·굴착 등의 건설공사로 인한 주변 건축물 등의 피해방지대책 비용
    ④ 공사장 주변의 통행안전관리대책 비용
    ⑤ 계측장비, 폐쇄회로 텔레비전 등 안전 모니터링 장치의 설치·운용 비용
    ⑥ 같은 법 제62조 제7항에 따른 가설구조물의 구조적 안전성 확인에 필요한 비용

2. 이 비용은 건설기술 진흥법 시행규칙 제60조 제2항에서 규정하고 있는 기준에 따라 공사금액에 계상하여야 한다.

1-29 문화재수리보고서

문화재수리 등에 관한 법률 제36조의 규정에 따라 문화재수리보고서를 작성하는 경우에는 필요한 비용을 별도로 계상한다.

1-30 조사연구

사전조사, 해체조사, 실측조사, 단청조사연구(단청보호조치 포함), 목재연륜연대조사, 과학적조사(시료채취, 성분분석, 비파괴 조사, 손상요인 조사, 물성조사 등) 등 각종 조사연구가 필요한 경우에는 별도로 계상한다.

제2장

가설공사

제2장 가설공사

2-0 적용기준

1. 가설공사는 공사현장의 특성에 따라 계상할 수 있다.

2. 가설물의 규모, 재료 등은 공사 현장의 특성에 맞게 조정할 수 있다.

3. 강관비계매기(미장·단청공사용)는 미장공사, 단청공사 시 각각 계상한다.

4. 수량산출기준은 다음과 같다.

구분	단위	산출식	비고
공사안내판설치	개소	설치수량	
목재치목장 (벽체없음)	m²	바닥면적	
보관시설	m²	바닥면적	
강관비계매기 (미장·단청공사용)	m²	지붕수평투영면적의 90%	본건물 추녀마루 막새끝 기준
수리용덧집 (강관비계)	m²	벽체면적(비계둘레×비계높이) +(덧집)지붕면적+(덧집)박공면적	수리용 덧집기준
보양	m²	보양면적	
한식진폴 조립해체	대	설치수량	

2-1 가설보호막설치

(㎡당)

구분	규격	단위	수량	비고
보 호 막		㎡	1.05	
비 계 공		인	0.02	
공 구 손 료	인력품의 2%	식	1	

[주] ① 보호재료의 손율은 100%로 계상한다.

② 본 품에는 설치 및 철거 품이 포함되어 있다.

③ 보호막 설치에 필요한 부속재료는 별도 계상한다.

④ 보호막이란 기존비계를 이용하여 시공안전 및 미관 등을 목적으로 건조물 주위에 설치하는 가설물이다.

2-2 공사안내판설치

(개소당)

구분	규격	단위	수량	비고
보 통 인 부		인	0.12	
공 구 손 료	인력품의 2%	식	1	

[주] ① 본 품은 공사안내판을 고정틀에 조립하여 거치하거나 기초없이 매립하여 설치하는 것을 기준으로 한 것이다.

② 공사안내판, 고정틀 제작비는 별도 계상한다.

③ 특수한 경우(기초가 필요한 매립식 설치 등)에는 별도 계상한다.

2-3 목재치목장(벽체없음)

(㎡당)

구분	규격	단위	수량	비고
강 관	∅48.6mm×2.4mm	m	7.6	
조임철물	자동	개	2.7	
	고정	개	2.4	
골 함 석	1,800mm×900mm	매	1	
비 계 공	조립·해체	인	0.15	
공 구 손 료	인력품의 5%	식	1	

[주] ① 본 품은 바닥면적 20㎡, 높이 3m를 기준으로 한 것이다.

② 본 품에는 재료할증 및 소운반품이 포함되어 있다.

③ 본 품은 지붕을 골함석으로 이을 때를 기준으로 한 것이며 PVC골판으로 이을 때는 PVC골판 1.5㎡, 인력품을 0.11인으로 계상한다. 이 외의 지붕재료를 사용할 경우에는 별도 계상한다.

④ 높이 3m를 초과할 경우에는 본 품에 준하여 별도 계상한다.

⑤ 본 품에 계상되지 않은 벽체, 창호 등이 필요한 경우에는 별도 계상한다.

⑥ 손율은 다음 표에 따른다.

재료\공기	손율(%)		
	강관, 가세 비계기본틀 비계장선틀	받침철물 조절받침철물	조임철물 이음철물
3개월	6	9	12
6개월	10	15	20
12개월	19	29	38
18개월	28	42	56
24개월	37	56	74
30개월	46	69	92
36개월	55	83	100
42개월	64	96	100
48개월	73	100	100
54개월	84	100	100
60개월	91	100	100
66개월	100	100	100

2-4 보관시설

(㎡당)

구분	규격	단위	수량	비고
샌드위치판넬	벽재, 75T	㎡	2.4	
	지붕재, 75T	㎡	1.2	
BASE CHANNEL	두께 : 2.0mm 이상	m	0.72	
TOP CHANNEL	두께 : 2.0mm 이상	m	2.08	
방화문(편개)	900mm×2100mm	㎡	0.16	
창(믹서기)	PVC, 80mm	㎡	0.08	
각형강관	75mm×75mm, 3.2T	m	2.6	
	75mm×45mm, 3.2T	m	0.8	
처마홈통	함석, 75mm	m	0.2	
선홈통	PVC, ∅100mm	m	0.11	
깔때기홈통	지름 120mm, 길이 900mm	개소	0.04	
부자재		개	1	
건축목공	조립·해체	인	0.11	
보통인부	조립·해체	인	0.11	
공구손료	인력품의 2%	식	1	

[주] ① 본 품은 벽체와 평지붕으로 구성된 보관시설을 조립·해체할 때를 기준으로 한 것으로 바닥면적 25㎡(5m×5m), 높이 3m를 기준으로 한 것이다.

② 본 품은 지정 및 하부구조를 감안하지 아니한 가설건축물을 기준한 것이며 본 표에 계상되지 않은 재료 및 인력품(바닥의 마감 재료와 유리 등)은 별도 계상한다.

③ 본 품에는 재료할증 및 소운반품이 포함되어 있다.

④ 높이 3m 초과할 경우에는 본 품에 준하여 별도 계상한다.

⑤ 전기 및 위생설비 등은 설계에 따라 별도 계상한다.

⑥ 간이불단(내부)을 설치할 경우에는 별도 계상한다.
⑦ 불연재를 사용할 경우에는 별도 계상한다.
⑧ 도난방지시설은 별도 계상한다.
⑨ 주자재는 본 품에 따르며 부자재(%)는 주자재비의 손료에 대한 구성비율로 다음 표에 따른다.

(m²당)

사용기간	주자재	부자재(%)	비고
3 개 월	1식	19.5	
6 개 월	1식	16.9	
1 년	1식	14.3	
1 년 초 과	1식	13.0	

⑩ 손율은 다음 표에 따른다.

구분	3개월	6개월	12개월	24개월	36개월	48개월	60개월	비고
손율(%)	12	16	25	38	53	70	100	

2-5 강관비계매기(미장·단청공사용)

(m²당)

구분	규격	단위	수량	비고
강 관	∅48.6mm×2.4mm	m	4.59	
이 음 철 물		개	0.38	
조 임 철 물	직교, 자재	개	1.45	
받 침 철 물		개	0.60	
비 계 공	조립·해체	인	0.064	
공 구 손 료	인력품의 5%	식	1	

[주] ① 본 품은 미장공사, 단청공사를 하기 위해 높이 2m 이하로 수평비계 매기 및 해체할 때를 기준으로 한 것이다.
② 본 품에는 재료할증 및 소운반품이 포함되어 있다.
③ 높이 8m 이상에서 비계안전상 설치하는 보강재 및 기타 재료는 별도 계상한다.
④ 높이 2m를 초과하는 경우에는 매 2m마다 재료 및 인력품을 50%씩 가산한다.
⑤ 받침철물은 필요 시 목재로 계상한다.
⑥ 발판은 필요 시 별도 계상한다.
⑦ 가설장비 설치용 시설, 비계다리, 낙하물방지, 작업대 시설 등은 별도 계상한다.
⑧ 비계매기 시 비계기둥은 건조물 기둥의 최대직경에서 15~20㎝ 이격하여 설치한다.
⑨ 손율은 다음 표에 따른다.

공기 \ 재료	손율(%)		
	강관, 가세 비계기본틀 비계장선틀	받침철물 조절받침철물	조임철물 이음철물
3개월	6	9	12
6개월	10	15	20
12개월	19	29	38
18개월	28	42	56
24개월	37	56	74
30개월	46	69	92
36개월	55	83	100
42개월	64	96	100
48개월	73	100	100
54개월	84	100	100
60개월	91	100	100
66개월	100	100	100

2-6 수리용덧집(강관비계)

(㎡당)

구분	규격	단위	수량	비고
강 관	⌀48.6mm×2.4mm	m	3.99	
이 음 철 물		개	0.50	
조 임 철 물	직교, 자재	개	2.08	
받 침 철 물		개	0.04	
철 물	앵커용	개	0.04	
골 함 석	1,800mm×900mm	매	1	
비 계 공	조립·해체	인	0.10	
공 구 손 료	인력품의 5%	식	1	

[주] ① 본 품은 수리용덧집을 강관쌍줄비계 매기 및 해체할 때를 기준으로 한 것이다.

② 본 품은 지붕설치를 포함한 것이며, 우장막은 별도 계상한다.

③ 본 품에는 재료할증 및 소운반품이 포함되어 있다.

④ 받침철물은 필요 시 목재로 계상한다.

⑤ 발판은 필요 시 별도 계상한다.

⑥ 골함석 수량은 지붕면적 1㎡당 소요량이다.

⑦ 가설장비 설치용 시설, 비계다리, 낙하물방지, 작업대 시설 등은 별도 계상할 수 있다.

⑧ 손율은 "2-5 강관비계매기(미장·단청공사용)"의 손율을 적용한다.

2-7 보양

(m²당)

구분	규격	단위	수량	비고
보 양 재		m²	1.2	
보 통 인 부		인	0.01	

[주] ① 특수한 보양이 필요한 경우에는 별도 계상한다.
　　② 보양재료의 손율은 100%로 계상한다.

2-8 한식진폴조립해체

(대당)

구분	규격	단위	수량	비고
지 주		본	2	
도 르 래		개	3	
회 롱 틀		대	1	
한 식 석 공		인	2.07	
한 식 석 공 조 공		인	1.24	
보 통 인 부		인	0.83	
공 구 손 료	인력품의 5%	식	1	

[주] ① 본 품은 한식진폴을 조립(회롱틀설치, 지주세우기)·해체할 때를 기준으로 한 것이다.
　　② 본 품에는 소운반품이 포함되어 있다.
　　③ 잡재료는 별도 계상한다.

제3장

기초공사

2023 문화재수리 표준품셈

제3장 기초공사

3-0 적용기준

1. 생석회피우기(소화)는 생석회 100kg당 보통인부 0.13인을 가산한다.
2. 수량산출기준은 다음과 같다.

구분	단위	산출식	비고
잡 석 지 정	m³	a×b×h(t)	체적
판 축 지 정			
장 대 석 지 정			
생 석 회 다 짐 (기 단)			
생 석 회 잡 석 다 짐			
터 파 기 (문 화 재 구 역 내)			
터 파 기 (문화재구역내, 기계장비)			
잡 석 지 정 (기 계 장 비)			
판 축 지 정 (기 계 장 비)			
생 석 회 잡 석 다 짐 (기 계 장 비)			
잡 석 지 정 해 체			
판 축 지 정 해 체			
장 대 석 지 정 해 체			
생 석 회 다 짐 (기 단) 해 체			
생 석 회 잡 석 다 짐 해 체			
초 석 해 체	개소	해체수량	
초 석 설 치	개소	설치수량	

[주] a×b : 다짐 또는 지정 면적
   h(t) : 다짐 또는 지정 높이(두께)

3-1 잡석지정

3-1-1 몽둥달고다지기

(㎥당)

구분	규격	단위	수량	비고
자 갈	∅40㎜ 내외	㎥	0.3	
잡 석	∅100㎜ 내외	㎥	1.1	
보 통 인 부		인	1.2	
공 구 손 료	인력품의 2%	식	1	

[주] ① 본 품은 몽둥달고다지기를 기준으로 한 것이며, 본 품 이외의 다지기를 할 때에는 별도 계상한다.

② 다짐두께는 250㎜를 기준으로 한 것이다.

③ 다짐 횟수는 한 켜당 6회를 기준으로 한 것이며, 1회 추가시마다 0.02인을 가산한다.

④ 본 품에는 재료할증이 포함되어 있다.

⑤ 본 품에는 소운반품이 포함되어 있다.

⑥ 잡재료는 별도 계상한다.

3-1-2 손달고다지기

(㎥당)

구분	규격	단위	수량	비고
자 갈	∅40mm 내외	㎥	0.30	
잡 석	∅100mm 내외	㎥	1.1	
보 통 인 부		인	1.15	
공 구 손 료	인력품의 2%	식	1	

[주] ① 본 품은 손달고다지기를 기준으로 한 것이며, 본 품 이외의 다지기를 할 때에는 별도 계상한다.

② 다짐두께는 150㎜를 기준으로 한 것이다.

③ 다짐 횟수는 한 켜당 6회를 기준으로 한 것이며, 1회 추가시마다 0.02인을 가산한다.

④ 본 품에는 재료할증이 포함되어 있다.

⑤ 본 품에는 소운반품이 포함되어 있다.

⑥ 잡재료는 별도 계상한다.

3-2 판축지정

3-2-1 토사판축

(㎥당)

구분	규격	단위	수량	비고
마 사 토		㎥	1.70	
보 통 인 부		인	2.11	
공 구 손 료	인력품의 2%	식	1	

[주] ① 본 품은 마사토 등을 한 켜씩 다짐할 때를 기준으로 한 것이다.

② 본 품은 원달고(55~75kg)를 사용하여 다짐할 때를 기준으로 한 것이다.

③ 다짐두께는 한 켜당 100㎜를 기준으로 한 것이다.

④ 다짐횟수는 한 켜당 6회를 기준으로 한 것이며, 1회 추가시마다 0.02인을 가산한다.

⑤ 본 품에는 재료할증이 포함되어 있다.

⑥ 본 품에는 소운반품이 포함되어 있다.

3-2-2 토석판축

(㎥당)

구분	규격	단위	수량	비고
마 사 토		㎥	0.78	
잡 석	∅100㎜ 내외	㎥	0.63	
보 통 인 부		인	1.39	
공 구 손 료	인력품의 2%	식	1	

[주] ① 본 품은 마사토 등과 잡석을 혼합하여 한 켜씩 다짐할 때를 기준으로 한 것이다.

② 본 품은 원달고(55~75kg)를 사용하여 다짐할 때를 기준으로 한 것이다.

③ 다짐두께는 한 켜당 150㎜를 기준으로 한 것이다.

④ 다짐횟수는 한 켜당 6회를 기준으로 한 것이며, 1회 추가시마다 0.12인을 가산한다.

⑤ 본 품에는 재료할증이 포함되어 있다.

⑥ 본 품에는 소운반품이 포함되어 있다.

3-2-3 교전판축

(㎥당)

구분	규격	단위	수량	비고
마 사 토		㎥	0.78	
잡 석	ø100㎜ 내외	㎥	0.63	
보 통 인 부		인	1.88	
공 구 손 료	인력품의 2%	식	1	

[주] ① 본 품은 마사토 등과 잡석을 교대로 한 켜씩 다짐할 때를 기준으로 한 것이다.

② 본 품은 원달고(55~75kg)를 사용하여 다짐할 때를 기준으로 한 것이다.

③ 다짐두께는 한 켜당 마사토 등 다짐두께 100㎜, 잡석다짐두께 150㎜를 기준으로 한 것이다.

④ 다짐횟수는 한 켜당 6회를 기준으로 한 것이며, 1회 추가시마다 0.16인을 가산한다.

⑤ 본 품에는 재료할증이 포함되어 있다.

⑥ 본 품에는 소운반품이 포함되어 있다.

3-3 장대석지정

(㎥당)

구분	규격	단위	수량	비고
생 석 회		kg	76.25	
마 사 토		㎥	0.38	
장 대 석	330mm×330mm×1,000mm	개	6	
한 식 석 공		인	0.85	
한 식 석 공 조 공		인	0.34	
보 통 인 부		인	0.17	
공 구 손 료	인력품의 2%	식	1	

[주] ① 장대석지정은 궁궐 건조물과 성문 등의 문루와 같이 건축규모가 크고 중요한 건조물의 기초에 사용한다.

② 본 품에는 재료할증이 포함되어 있다.

③ 본 품에는 비빔 및 소운반품이 포함되어 있다.

④ 생석회피우기(소화)는 생석회 100kg당 보통인부 0.13인을 가산한다.

⑤ 마사토는 흙 등으로 대체할 수 있다.

3-4 생석회다짐(기단)

(㎥당)

구분	규격	단위	수량	비고
생 석 회		kg	220	
마 사 토		㎥	1.10	
보 통 인 부		인	1.3	
공 구 손 료	인력품의 2%	식	1	

[주] ① 본 품에는 기단바닥의 면고르기품이 포함되어 있다.

② 본 품에는 재료할증이 포함되어 있다.

③ 본 품에는 비빔 및 소운반품이 포함되어 있다.

④ 생석회피우기(소화)는 생석회 100kg당 보통인부 0.13인을 가산한다.

⑤ 마사토는 흙 등으로 대체할 수 있다.

3-5 생석회잡석다짐

(m³당)

구분	규격	단위	수량	비고
생 석 회		kg	40	
마 사 토		m³	0.2	
채 움 자 갈	∅40mm 내외	m³	0.25	
잡 석	∅100mm 내외	m³	1	
보 통 인 부		인	1.3	
공 구 손 료	인력품의 2%	식	1	

[주] ① 본 품은 생석회, 마사토 혼합재료와 잡석을 교대로 한 켜씩 다짐할 때를 기준으로 한 것이다.

② 본 품은 원달고(55~75kg)를 사용하여 다짐할 때를 기준으로 한 것이다.

③ 다짐두께는 한 켜당 생석회, 마사토 혼합재료 50mm, 잡석 100~150mm를 기준으로 한 것이다.

④ 다짐횟수는 한 켜당 6회를 기준으로 한 것이며, 1회 추가시마다 0.02인을 가산한다.

⑤ 본 품에는 재료할증이 포함되어 있다.

⑥ 본 품에는 비빔 및 소운반품이 포함되어 있다.

⑦ 생석회피우기(소화)는 생석회 100kg당 보통인부 0.13인을 가산한다.

⑧ 마사토는 흙 등으로 대체할 수 있다.

3-6 초석해체

(개소당)

구분	규격	단위	수량	비고
한 식 석 공		인	0.19	
한 식 석 공 조 공		인	0.08	
보 통 인 부		인	0.04	
공 구 손 료	인력품의 2%	식	1	

[주] ① 본 품은 부재번호매기기, 보양, 초석해체까지를 기준으로 한 것이다.
　　② 장초석을 해체할 경우에는 본 품의 100%를 가산한다.
　　③ 본 품에는 소운반품이 포함되어 있다.
　　④ 잡재료는 별도 계상한다.

3-7 초석설치

(개소당)

구분	규격	단위	수량	비고
한 식 석 공		인	0.27	
한 식 석 공 조 공		인	0.11	
보 통 인 부		인	0.06	
공 구 손 료	인력품의 2%	식	1	

[주] ① 본 품은 보양, 초석설치, 사춤채우기까지를 기준으로 한 것이다.
　　② 본 품에는 소운반품이 포함되어 있다.
　　③ 본 품에는 사춤재료 비빔품이 포함되어 있다.
　　④ 사춤재료 등 잡재료는 별도 계상한다.

3-8 터파기(문화재구역 내)

(m³당)

구분 \ 직종(인)	깊이(m)	0~1	1~2	2~3
보 통 토 사	보통인부	0.59	0.8	1.08
경 질 토 사	보통인부	0.77	1.04	1.40
자 갈 섞 인 토 사	보통인부	0.78	1.05	1.42

[주] ① 본 품은 인력으로 문화재구역내 매장문화재 분포 가능성을 고려하여 매켜 10~20cm 깊이로 조심스럽게 터파기하고, 인력으로 운반하여 적치할 때를 기준으로 한 것이다.

② 터파기 면고르기를 포함한다.

③ 공구손료는 별도 계상하지 않는다.

3-9 터파기(문화재구역 내, 기계장비)

(m³당)

구분	규격	단위	수량	비고
보 통 인 부		인	0.06	
기 계 장 비		hr	0.41	

[주] ① 본 품은 기계장비로 문화재구역내 매장문화재 분포 가능성을 고려하여 매켜 10~20cm 깊이로 조심스럽게 터파기하고, 운반하여 적치할 때를 기준으로 한 것이다.

② 터파기 면고르기를 포함한다.

③ 공구손료는 별도 계상하지 않는다.

3-10 잡석지정(기계장비)

(㎥당)

구분	규격	단위	수량	비고
자 갈	ø 40㎜ 내외	㎥	0.3	
잡 석	ø 100㎜ 내외	㎥	1.1	
보 통 인 부		인	0.36	
기 계 장 비		hr	0.65	
공 구 손 료	인력품의 2%	식	1	

[주] ① 본 품은 잡석과 자갈을 인력으로 운반하여 깔고 고른 후 다짐기계를 사용하여 한 켜씩 다짐할 때를 기준으로 한 것이다.

② 다짐두께는 250㎜를 기준으로 한 것이다.

③ 본 품에는 재료할증이 포함되어 있다.

④ 본 품에는 소운반품이 포함되어 있다.

3-11 판축지정(기계장비)

3-11-1 토사판축(기계장비)

(㎥당)

구분	규격	단위	수량	비고
마 사 토		㎥	1.7	
보 통 인 부		인	0.33	
기 계 장 비		hr	1.22	
공 구 손 료	인력품의 2%	식	1	

[주] ① 본 품은 마사토를 인력으로 운반하여 깔고 적절한 물축이기를 한 후 다짐기계를 사용하여 한 켜씩 다짐할 때를 기준으로 한 것이다.
② 다짐두께는 한 켜당 100mm를 기준으로 한 것이다.
③ 본 품에는 재료할증이 포함되어 있다.
④ 본 품에는 소운반품이 포함되어 있다.

3-11-2 토석판축(기계장비)

(㎥당)

구분	규격	단위	수량	비고
마 사 토		㎥	0.78	
잡 석	ø100mm 내외	㎥	0.63	
보 통 인 부		hr	0.43	
기 계 장 비		인	0.75	
공 구 손 료	인력품의 2%	식	1	

[주] ① 본 품은 마사토와 잡석을 인력으로 혼합한 후 운반하여 깔고 다짐기계를 사용하여 한 켜씩 다짐할 때를 기준으로 한 것이다.
② 다짐두께는 150mm를 기준으로 한 것이다.
③ 본 품에는 재료할증이 포함되어 있다.
④ 본 품에는 소운반품이 포함되어 있다.

3-11-3 교전판축(기계장비)

(㎥당)

구분	규격	단위	수량	비고
마 사 토		㎥	0.78	
잡 석	Ø100㎜ 내외	㎥	0.63	
보 통 인 부		인	0.38	
기 계 장 비		hr	1.09	
공 구 손 료	인력품의 2%	식	1	

[주] ① 본 품은 마사토와 잡석을 인력으로 운반하여 교대로 깔고 다짐기계를 사용하여 마사토와 잡석을 한 켜씩 다짐할 때를 기준으로 한 것이다.

② 다짐두께는 한 켜당 마사토 등 다짐두께 100㎜, 잡석다짐두께 150㎜를 기준으로 한 것이다.

③ 본 품에는 재료할증이 포함되어 있다.

④ 본 품에는 소운반품이 포함되어 있다.

3-12 생석회잡석다짐(기계장비)

(㎥당)

구분	규격	단위	수량	비고
생석회		kg	40	
마사토		㎥	0.2	
채움자갈	∅40mm 내외	㎥	0.25	
잡석	∅100mm 내외	㎥	1	
보통인부		인	0.49	
기계장비		hr	0.69	
공구손료	인력품의 2%	식	1	

[주] ① 본 품은 생석회, 마사토 혼합물과 잡석을 인력으로 운반하여 교대로 깔고 다짐기계를 사용하여 한 켜씩 다짐할 때를 기준으로 한 것이다.

② 다짐두께는 한 켜당 생석회, 마사토 혼합물 50mm, 잡석 100~150mm를 기준으로 한 것이다.

③ 본 품에는 재료할증이 포함되어 있다.

④ 본 품에는 비빔 및 소운반품이 포함되어 있다.

⑤ 생석회피우기(소화)는 생석회 100kg당 보통인부 0.13인을 가산한다.

⑥ 마사토는 흙 등으로 대체할 수 있다.

3-13 잡석지정해체

(㎥당)

구분	규격	단위	수량	비고
보통인부		인	0.6	
공구손료	인력품의 2%	식	1	

[주] ① 본 품은 잡석 및 자갈을 한 켜씩 해체 후 운반을 기준으로 한 것이다.

② 해체두께는 150mm~250mm를 기준으로 한 것이다.

③ 본 품에는 소운반품이 포함되어 있다.

④ 잡재료는 별도 계상한다.

3-14 판축지정해체

3-14-1 토사판축

(㎥당)

구분	규격	단위	수량	비고
보통인부		인	0.48	
공구손료	인력품의 2%	식	1	

[주] ① 본 품은 마사토를 한 켜씩 해체 후 운반을 기준으로 한 것이다.
　　② 해체두께는 100㎜ 내외를 기준으로 한 것이다.
　　③ 본 품에는 소운반품이 포함되어 있다.
　　④ 잡재료는 별도 계상한다.

3-14-2 토석판축

(㎥당)

구분	규격	단위	수량	비고
보통인부		인	0.58	
공구손료	인력품의 2%	식	1	

[주] ① 본 품은 마사토 및 잡석을 한 켜씩 해체 후 운반을 기준으로 한 것이다.
　　② 해체두께는 150㎜ 내외를 기준으로 한 것이다.
　　③ 본 품에는 소운반품이 포함되어 있다.
　　④ 잡재료는 별도 계상한다.

3-14-3 교전판축

(㎥당)

구분	규격	단위	수량	비고
보통인부		인	0.69	
공구손료	인력품의 2%	식	1	

[주] ① 본 품은 마사토와 잡석을 교대로 한 켜씩 해체 후 운반을 기준으로 한 것이다.

② 해체두께는 마사토 등 100㎜ 내외, 잡석다짐 150㎜ 내외를 기준으로 한 것이다.

③ 본 품에는 소운반품이 포함되어 있다.

④ 잡재료는 별도 계상한다.

3-15 장대석지정해체

(㎥당)

구분	규격	단위	수량	비고
보통인부		인	1.08	
공구손료	인력품의 2%	식	1	

[주] ① 본 품은 장대석 및 생석회, 마사토 혼합물 해체 후 운반을 기준으로 한 것이다.

② 본 품에는 소운반품이 포함되어 있다.

③ 잡재료는 별도 계상한다.

④ 높이에 따른 인력품 가산은 "11-0 적용기준 1. 해체·쌓기 시 높이에 따른 인력품 가산"에 준하여 적용한다.

3-16 생석회다짐(기단)해체

(㎥당)

구분	규격	단위	수량	비고
보통인부		인	0.8	
공구손료	인력품의 2%	식	1	

[주] ① 본 품은 생석회, 마사토 혼합물 해체 후 운반을 기준으로 한 것이다.
② 본 품에는 소운반품이 포함되어 있다.
③ 잡재료는 별도 계상한다.

3-17 생석회잡석다짐해체

(㎥당)

구분	규격	단위	수량	비고
보통인부		인	0.86	
공구손료	인력품의 2%	식	1	

[주] ① 본 품은 생석회, 마사토 혼합물과 잡석을 교대로 한 켜씩 해체 후 운반을 기준으로 한 것이다.
② 해체두께는 생석회, 마사토 혼합재료 50㎜ 내외, 잡석 100㎜ 내외를 기준으로 한 것이다.
③ 본 품에는 소운반품이 포함되어 있다.
④ 잡재료는 별도 계상한다.

3-18 초석해체(기계장비)

3-18-1 초석해체(기계장비)_거친돌

(개소당)

구분	규격	단위	수량	비고
한식석공		인	0.07	
한식석공조공		인	0.03	
보통인부		인	0.02	
기계장비		hr	0.48	
공구손료	인력품의 2%	식	1	

[주] ① 본 품은 평탄한 지형에서 거친돌초석을 묶고 기계장비로 들어올려 해체할 때를 기준으로 한 것이다.

② 본 품에는 소운반품이 포함되어 있다.

③ 잡재료는 별도 계상한다.

3-18-2 초석해체(기계장비)_마름돌

(개소당)

구분	규격	단위	수량	비고
한식석공		인	0.04	
한식석공조공		인	0.02	
보통인부		인	0.01	
기계장비		hr	0.40	
공구손료	인력품의 2%	식	1	

[주] ① 본 품은 평탄한 지형에서 마름돌초석을 묶고 기계장비로 들어올려 해체할 때를 기준으로 한 것이다.

② 본 품에는 소운반품이 포함되어 있다.

③ 잡재료는 별도 계상한다.

3-19 초석설치(기계장비)

3-19-1 초석설치(기계장비)_거친돌

(개소당)

구분	규격	단위	수량	비고
한식석공		인	0.10	
한식석공조공		인	0.03	
보통인부		인	0.02	
기계장비		hr	0.80	
공구손료	인력품의 2%	식	1	

[주] ① 본 품은 평탄한 지형에서 거친돌초석을 묶고 기계장비로 들어올려 설치할 때를 기준으로 한 것이다.
② 본 품에는 소운반품이 포함되어 있다.
③ 본 품에는 사춤재료 비빔품이 포함되어 있다.
④ 사춤재료 등 잡재료는 별도 계상한다.

3-19-2 초석설치(기계장비)_마름돌

(개소당)

구분	규격	단위	수량	비고
한식석공		인	0.10	
한식석공조공		인	0.03	
보통인부		인	0.02	
기계장비		hr	0.88	
공구손료	인력품의 2%	식	1	

[주] ① 본 품은 평탄한 지형에서 마름돌초석을 묶고 기계장비로 들어올려 설치할 때를 기준으로 한 것이다.
② 본 품에는 소운반품이 포함되어 있다.
③ 본 품에는 사춤재료 비빔품이 포함되어 있다.
④ 사춤재료 등 잡재료는 별도 계상한다.

제 **4** 장

목공사

2023 문화재수리 표준품셈

제4장 목공사

4-0 적용기준

1. 축부재는 기둥, 보, 창방, 평방, 도리, 장여, 인방재(벽선, 문선, 인방), 동자주 및 판대공, 마루부재 중 장귀틀, 동귀틀, 멍에, 장선 등을 말한다.

2. 평연부재는 평서까래, 말굽서까래, 평고대, 부연, 목기연, 박공널, 개판, 착고판, 풍판, 순각판, 판벽, 용지판 등을 말한다.

3. 선연부재는 추녀, 사래, 선자서까래, 갈모산방 등을 말한다.

4. 포부재는 주두, 소로, 첨차, 살미, 익공, 보아지, 운공, 대공, 난간의 조각부분 등을 말한다.

5. 해체·조립 시
   ① 목부재하단(최저점)을 기준으로 지면으로부터 3.6m 이상~6.0m 이하일 경우에는 인력품을 20% 가산하고, 6.0m를 초과할 경우에는 매 3.0m마다 각각 10%씩 가산한다.

   ② 목공사용 철물 해체·설치품은 포함되어 있다.

   ③ 해체 시 단청 보양이 필요한 경우에는 별도 계상한다.

   ④ 해체 시 실측조사를 겸할 경우에는 인력품의 50%를 가산한다.

6. 치목 시
   ① 고려말~조선초기(15세기)의 구조양식은 인력품을 20% 가산한다.

   ② 훼손되거나 파손된 개별부재를 재사용하기 위하여 수리하는 경우에는 치목품을 50% 가산한다. 여기서 부재수리란 훼손·파손된 부위를 잘라내고, 신재를 치목하여 이음하거나 덧대어 보강하는 경우를 말한다.

   ③ 원목(原木)을 사용하여 해당부재를 치목하는 경우에는 해당부재별 치목품에 다음 중 해당하는 품을 가산한다.
      ◦ 4-5 4각치목(원목→4각)
      ◦ 4-6 8각치목(4각→8각)
      ◦ 4-7 16각치목(8각→16각)

   ④ 치목품에서 따내기, 파내기, 홈파기, 흘림 등은 수량에서 공제하지 아니한다.

   ⑤ 전동공구는 전기로 작동하는 전기대패, 전기톱, 전기드릴, 전기샌더 및 엔진으로 작동하는 엔진톱 등의 휴대용 수공구를 말한다.

7. 목재 건조가 필요한 경우에는 별도 계상한다.

8. 소운반품은 포함되어 있다.

9. 소규모 공사
   목공사 수량이 2m³ 이하일 경우에는 인력품을 50% 가산한다. 단, 제1장 적용기준의 소단위공사와 둘 중 하나만을 적용한다.

10. 편수산정기준은 다음과 같다.
    ① 치목 : 2m³당 1인
    ② 조립 : 5m³당 1인
    ③ 해체 : 6.6m³당 1인
    ④ 치목(기계장비) : 5m³당 1인

11. 수량산출기준은 다음과 같다.

구분	단위	산출식	비고
원 형 부 재	m³	$\pi \times r^2 \times L$	최대단면기준
각 형 부 재	m³	$a \times b \times L$	최대단면기준
판 재	m³	$a \times b \times t$	최대표면기준
복 합 부 재 (원형+각형)	m³	$a \times b \times L$	최대단면기준
드 잡 이 공 사	개소	기둥	
기 둥 동 바 리 이 음	개소	기둥	
연 침 구 멍 뚫 기	개소	서까래	
연침구멍뚫기(기계장비)	개소	서까래	
연 침 설 치	개소	서까래	

[주] ① a×b:단면적, r:반지름, L:부재길이, t:부재두께

② 수량산출은 마감치수(설계도면치수)를 기준으로 한다.

③ 원형부재는 기둥, 굴도리, 서까래, 동자기둥 등을 말한다.

④ 각형부재는 보, 창방, 평방, 납도리, 장여, 인방, 벽선, 부연, 목기연, 평고대, 추녀, 사래, 누리개, 살미, 첨차, 익공, 대공, 보아지, 갈모산방, 포대공, 주두, 소로 등을 말한다.

⑤ 판재는 개판, 박공널, 풍판, 착고판, 판대공, 화반 등을 말한다.

⑥ 복합부재는 선자서까래를 말한다.

⑦ 수량산출기준 도식

㉮ 평서까래 : 처마도리(또는 외목도리) 위 최대단면 기준
$\pi \times r^2 \times L$ (r:반지름, L:길이)

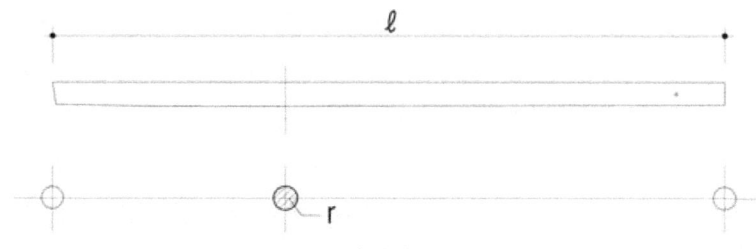

평서까래

㈏ 선자서까래 : 처마도리(또는 외목도리) 위 최대단면 기준
　a×b×L (a×b:단면적, L:길이)

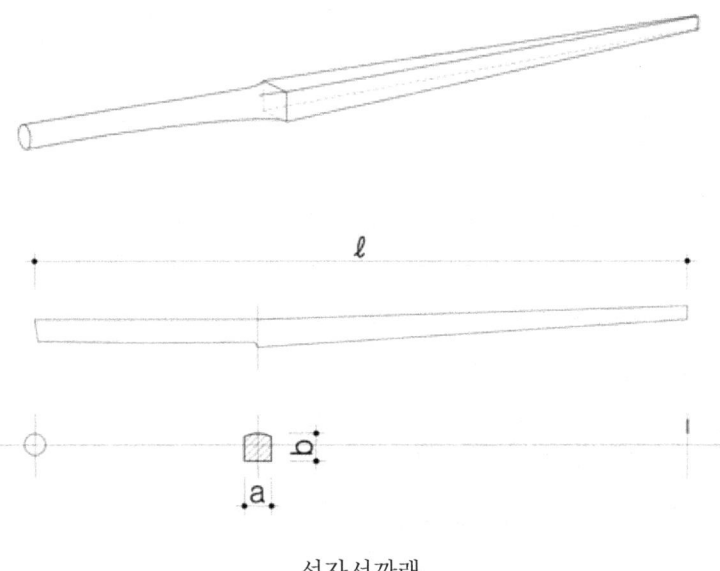

선자서까래

㈐ 부연, 살미, 주두·소로 등 : 최대단면 기준
　a×b×ℓ / a×a×h

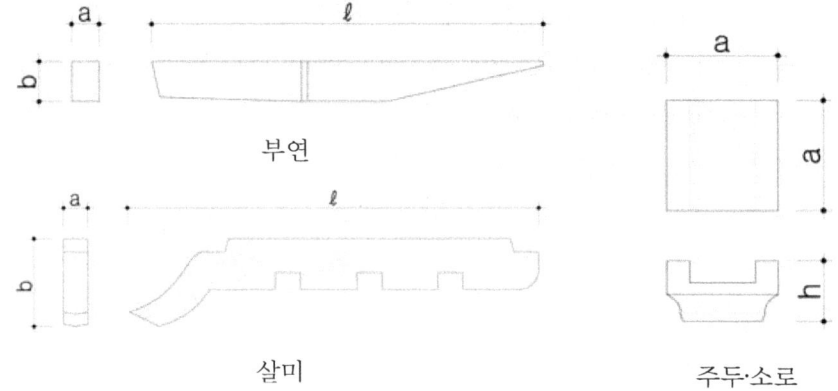

부연　　　　　　　　　　　　　　　　　

살미　　　　　　　　　　주두·소로

4-1 축부재해체

4-1-1 주심포양식

(㎥당)

구분	규격	단위	수량	비고
한 식 목 공		인	0.37	
한 식 목 공 조 공		인	0.12	
드 잡 이 공		인	0.31	
보 통 인 부		인	0.35	
공 구 손 료	인력품의 5%	식	1	

[주] ① 본 품은 주심포양식 건물의 축부재를 해체할 때를 기준으로 한 것이다.

② 본 품에는 소운반품이 포함되어 있다.

③ 단청 보양이 필요한 경우에는 별도 계상한다.

4-1-2 다포양식

(㎥당)

구분	규격	단위	수량	비고
한 식 목 공		인	0.28	
한 식 목 공 조 공		인	0.09	
드 잡 이 공		인	0.23	
보 통 인 부		인	0.27	
공 구 손 료	인력품의 5%	식	1	

[주] ① 본 품은 다포양식 건물의 축부재를 해체할 때를 기준으로 한 것이다.

② 본 품에는 소운반품이 포함되어 있다.

③ 단청 보양이 필요한 경우에는 별도 계상한다.

4-1-3 도리양식

(㎥당)

구분	규격	단위	수량	비고
한 식 목 공		인	0.20	
한 식 목 공 조 공		인	0.07	
드 잡 이 공		인	0.17	
보 통 인 부		인	0.19	
공 구 손 료	인력품의 5%	식	1	

[주] ① 본 품은 도리양식 건물의 축부재를 해체할 때를 기준으로 한 것이다.
　　② 본 품에는 소운반품이 포함되어 있다.
　　③ 단청 보양이 필요한 경우에는 별도 계상한다.

4-1-4 익공양식

(㎥당)

구분	규격	단위	수량	비고
한 식 목 공		인	0.31	
한 식 목 공 조 공		인	0.10	
드 잡 이 공		인	0.26	
보 통 인 부		인	0.29	
공 구 손 료	인력품의 5%	식	1	

[주] ① 본 품은 익공양식 건물의 축부재를 해체할 때를 기준으로 한 것이다.
　　② 본 품에는 소운반품이 포함되어 있다.
　　③ 단청 보양이 필요한 경우에는 별도 계상한다.

4-2 평연부재해체

4-2-1 주심포양식

(㎥당)

구분	규격	단위	수량	비고
한 식 목 공		인	0.86	
한 식 목 공 조 공		인	0.60	
보 통 인 부		인	0.35	
공 구 손 료	인력품의 5%	식	1	

[주] ① 본 품은 주심포양식 건물의 평연부재를 해체할 때를 기준으로 한 것이다.

② 본 품에는 소운반품이 포함되어 있다.

③ 단청 보양이 필요한 경우에는 별도 계상한다.

4-2-2 다포양식

(㎥당)

구분	규격	단위	수량	비고
한 식 목 공		인	0.60	
한 식 목 공 조 공		인	0.42	
보 통 인 부		인	0.24	
공 구 손 료	인력품의 5%	식	1	

[주] ① 본 품은 다포양식 건물의 평연부재를 해체할 때를 기준으로 한 것이다.

② 본 품에는 소운반품이 포함되어 있다.

③ 단청 보양이 필요한 경우에는 별도 계상한다.

4-2-3 도리양식

(㎥당)

구분	규격	단위	수량	비고
한 식 목 공		인	0.40	
한 식 목 공 조 공		인	0.28	
보 통 인 부		인	0.16	
공 구 손 료	인력품의 5%	식	1	

[주] ① 본 품은 도리양식 건물의 평연부재를 해체할 때를 기준으로 한 것이다.

② 본 품에는 소운반품이 포함되어 있다.

③ 단청 보양이 필요한 경우에는 별도 계상한다.

4-2-4 익공양식

(㎥당)

구분	규격	단위	수량	비고
한 식 목 공		인	0.46	
한 식 목 공 조 공		인	0.32	
보 통 인 부		인	0.19	
공 구 손 료	인력품의 5%	식	1	

[주] ① 본 품은 익공양식 건물의 평연부재를 해체할 때를 기준으로 한 것이다.

② 본 품에는 소운반품이 포함되어 있다.

③ 단청 보양이 필요한 경우에는 별도 계상한다.

4-3 선연부재해체

4-3-1 주심포양식

(㎥당)

구분	규격	단위	수량	비고
한 식 목 공		인	0.71	
한 식 목 공 조 공		인	0.5	
보 통 인 부		인	0.29	
공 구 손 료	인력품의 5%	식	1	

[주] ① 본 품은 주심포양식 건물의 선연부재를 해체할 때를 기준으로 한 것이다.
② 본 품에는 소운반품이 포함되어 있다.
③ 단청 보양이 필요한 경우에는 별도 계상한다.

4-3-2 다포양식

(㎥당)

구분	규격	단위	수량	비고
한 식 목 공		인	0.34	
한 식 목 공 조 공		인	0.24	
보 통 인 부		인	0.14	
공 구 손 료	인력품의 5%	식	1	

[주] ① 본 품은 다포양식 건물의 선연부재를 해체할 때를 기준으로 한 것이다.
② 본 품에는 소운반품이 포함되어 있다.
③ 단청 보양이 필요한 경우에는 별도 계상한다.

4-3-3 도리양식

(㎥당)

구분	규격	단위	수량	비고
한 식 목 공		인	0.23	
한식목공조공		인	0.16	
보 통 인 부		인	0.09	
공 구 손 료	인력품의 5%	식	1	

[주] ① 본 품은 도리양식 건물의 선연부재를 해체할 때를 기준으로 한 것이다.

② 본 품에는 소운반품이 포함되어 있다.

③ 단청 보양이 필요한 경우에는 별도 계상한다.

4-3-4 익공양식

(㎥당)

구분	규격	단위	수량	비고
한 식 목 공		인	0.33	
한식목공조공		인	0.23	
보 통 인 부		인	0.14	
공 구 손 료	인력품의 5%	식	1	

[주] ① 본 품은 익공양식 건물의 선연부재를 해체할 때를 기준으로 한 것이다.

② 본 품에는 소운반품이 포함되어 있다.

③ 단청 보양이 필요한 경우에는 별도 계상한다.

4-4 포부재해체

4-4-1 주심포양식

(㎥당)

구분	규격	단위	수량	비고
한 식 목 공		인	0.63	
한 식 목 공 조 공		인	0.44	
보 통 인 부		인	0.26	
공 구 손 료	인력품의 5%	식	1	

[주] ① 본 품은 주심포양식 건물의 포부재를 해체할 때를 기준으로 한 것이다.

② 본 품에는 소운반품이 포함되어 있다.

③ 단청 보양이 필요한 경우에는 별도 계상한다.

4-4-2 다포양식

(㎥당)

구분	규격	단위	수량	비고
한 식 목 공		인	0.48	
한 식 목 공 조 공		인	0.34	
보 통 인 부		인	0.20	
공 구 손 료	인력품의 5%	식	1	

[주] ① 본 품은 다포양식 건물의 포부재를 해체할 때를 기준으로 한 것이다.

② 본 품에는 소운반품이 포함되어 있다.

③ 단청 보양이 필요한 경우에는 별도 계상한다.

4-4-3 익공양식

(㎥당)

구분	규격	단위	수량	비고
한 식 목 공		인	0.50	
한 식 목 공 조 공		인	0.35	
보 통 인 부		인	0.20	
공 구 손 료	인력품의 5%	식	1	

[주] ① 본 품은 익공양식 건물의 포부재를 해체할 때를 기준으로 한 것이다.
② 본 품에는 소운반품이 포함되어 있다.
③ 단청 보양이 필요한 경우에는 별도 계상한다.

4-5 4각치목(원목→4각)

(㎥당)

구분	규격	단위	수량	비고
한 식 목 공		인	1.59	
한 식 목 공 조 공		인	0.96	
보 통 인 부		인	0.8	
공 구 손 료	인력품의 5%	식	1	

[주] 본 품은 원목(原木)을 4각으로 치목할 때를 기준으로 한 것이다.

4-6 8각치목(4각→8각)

(㎥당)

구분	규격	단위	수량	비고
한 식 목 공		인	0.89	
한 식 목 공 조 공		인	0.54	
보 통 인 부		인	0.45	
공 구 손 료	인력품의 5%	식	1	

[주] 본 품은 4각제재목(製材木)을 8각으로 치목할 때를 기준으로 한 것이다.

4-7 16각치목(8각→16각)

(㎥당)

구분	규격	단위	수량	비고
한 식 목 공		인	0.98	
한 식 목 공 조 공		인	0.59	
보 통 인 부		인	0.49	
공 구 손 료	인력품의 5%	식	1	

[주] 본 품은 8각제재목(製材木)을 16각으로 치목할 때를 기준으로 한 것이다.

4-8 기둥치목

4-8-1 원기둥

(㎥당)

구분	규격	단위	수량	비고
한 식 목 공		인	6.51	
한 식 목 공 조 공		인	3.91	
보 통 인 부		인	3.26	
공 구 손 료	인력품의 5%	식	1	

[주] 본 품은 원목(原木)을 사용하여 치목할 때를 기준으로 한 것이다.

4-8-2 각기둥

(㎥당)

구분	규격	단위	수량	비고
한 식 목 공		인	3	
한 식 목 공 조 공		인	1.8	
보 통 인 부		인	1.5	
공 구 손 료	인력품의 5%	식	1	

[주] 본 품은 4각제재목(製材木)을 사용하여 치목할 때를 기준으로 한 것이다.

4-9 보치목

4-9-1 보(각형-초각 없음)

(m³당)

구분	규격	단위	수량	비고
한 식 목 공		인	2.18	
한 식 목 공 조 공		인	1.31	
보 통 인 부		인	1.09	
공 구 손 료	인력품의 5%	식	1	

[주] ① 본 품은 4각제재목(製材木)을 사용하여 치목할 때를 기준으로 한 것이다.
　　② 본 품은 단면이 각형이고 보머리의 초각이 없을 때를 기준으로 한 것이다.

4-9-2 보(각형-초각 있음)

(m³당)

구분	규격	단위	수량	비고
한 식 목 공		인	3.57	
한 식 목 공 조 공		인	2.14	
보 통 인 부		인	1.79	
공 구 손 료	인력품의 5%	식	1	

[주] ① 본 품은 4각제재목(製材木)을 사용하여 치목할 때를 기준으로 한 것이다.
　　② 본 품은 단면이 각형이고 보머리의 초각이 있을 때를 기준으로 한 것이다.

4-9-3 보(이형-초각 있음)

(㎥당)

구분	규격	단위	수량	비고
한 식 목 공		인	5.89	
한 식 목 공 조 공		인	3.53	
보 통 인 부		인	2.94	
공 구 손 료	인력품의 5%	식	1	

[주] ① 본 품은 원목(原木)을 사용하여 치목할 때를 기준으로 한 것이다.

② 본 품은 단면이 항아리형이고 보머리의 초각이 있을 때를 기준으로 한 것이다.

4-10 창방치목

4-10-1 창방

(㎥당)

구분	규격	단위	수량	비고
한 식 목 공		인	1.97	
한 식 목 공 조 공		인	1.18	
보 통 인 부		인	0.98	
공 구 손 료	인력품의 5%	식	1	

[주] ① 본 품은 4각제재목(製材木)을 사용하여 치목할 때를 기준으로 한 것이다.

② 본 품은 뺄목이 없거나 뺄목에 초각이 없는 창방을 치목할 때를 기준으로 한 것이다.

③ 본 품은 모접기가 없을 때이다.

④ 모접기 3cm 이하일 때는 인력품을 30%, 3cm 초과~6cm 이하일 때는 인력품을 50% 가산한다.

4-10-2 창방(뺄목-초각 있음)

(㎥당)

구분	규격	단위	수량	비고
한 식 목 공		인	4.37	
한 식 목 공 조 공		인	2.62	
보 통 인 부		인	2.18	
공 구 손 료	인력품의 5%	식	1	

[주] ① 본 품은 4각제재목(製材木)을 사용하여 치목할 때를 기준으로 한 것이다.

② 본 품은 뺄목에 초각이 있는 창방을 치목할 때를 기준으로 한 것이다.

③ 본 품은 모접기 3㎝를 기준으로 한 것이다.

④ 모접기 3㎝ 초과~6㎝ 이하일 때는 인력품을 10%, 6㎝ 초과일 때는 인력품을 30% 가산한다.

4-11 도리치목

4-11-1 굴도리

(㎥당)

구분	규격	단위	수량	비고
한 식 목 공		인	4.89	
한 식 목 공 조 공		인	2.94	
보 통 인 부		인	2.44	
공 구 손 료	인력품의 5%	식	1	

[주] ① 본 품은 원목(原木)을 사용하여 치목할 때를 기준으로 한 것이다.

② 본 품은 장여자리가 없을 때를 기준으로 한 것이다.

③ 장여자리가 있을 때는 인력품을 10% 가산한다.

4-11-2 납도리

(㎥당)

구 분	규격	단위	수량	비고
한 식 목 공		인	1.55	
한식목공조공		인	0.93	
보 통 인 부		인	0.78	
공 구 손 료	인력품의 5%	식	1	

[주] ① 본 품은 4각제재목(製材木)을 사용하여 치목할 때를 기준으로 한 것이다.
　　② 장귀틀, 동귀틀, 멍에, 장선, 평방 등은 본 품에 따른다.

4-12 장여치목

4-12-1 장여(도리자리 없음)

(㎥당)

구 분	규격	단위	수량	비고
한 식 목 공		인	2.23	
한식목공조공		인	1.34	
보 통 인 부		인	1.12	
공 구 손 료	인력품의 5%	식	1	

[주] ① 본 품은 4각제재목(製材木)을 사용하여 치목할 때를 기준으로 한 것이다.
　　② 본 품은 도리를 조립하기 위한 도리자리가 없을 때를 기준으로 한 것이다.
　　③ 인방, 문선, 벽선 등은 본 품에 따른다.

4-12-2 장여(도리자리 있음)

(㎥당)

구분	규격	단위	수량	비고
한 식 목 공		인	4.36	
한 식 목 공 조 공		인	2.62	
보 통 인 부		인	2.18	
공 구 손 료	인력품의 5%	식	1	

[주] ① 본 품은 4각제재목(製材木)을 사용하여 치목할 때를 기준으로 한 것이다.
    ② 본 품은 도리를 조립하기 위한 도리자리가 있을 때를 기준으로 한 것이다.

4-13 부연치목

(㎥당)

구분	규격	단위	수량	비고
한 식 목 공		인	4.93	
한 식 목 공 조 공		인	2.96	
보 통 인 부		인	2.47	
공 구 손 료	인력품의 5%	식	1	

[주] ① 본 품은 4각제재목(製材木)을 사용하여 치목할 때를 기준으로 한 것이다.
    ② 본 품에는 후리기가 포함되어 있다.
    ③ 평고대는 본 품에 따른다.
    ④ 목기연은 본 품의 30% 가산한다.
    ⑤ 박공널, 개판, 착고판 등은 본 품의 50%를 적용한다.

4-14 평(말굽)서까래치목

(㎥당)

구분	규격	단위	수량	비고
한 식 목 공		인	11.28	
한 식 목 공 조 공		인	6.77	
보 통 인 부		인	5.64	
공 구 손 료	인력품의 5%	식	1	

[주] ① 본 품은 원목(原木)을 사용하여 원목→4각→8각→16각→원형으로 치목할 때를 기준으로 한 것이다.

② 본 품에는 후리기가 포함되어 있다.

4-15 선자서까래치목

(㎥당)

구분	규격	단위	수량	비고
한 식 목 공		인	6.74	
한 식 목 공 조 공		인	4.04	
보 통 인 부		인	3.37	
공 구 손 료	인력품의 5%	식	1	

[주] ① 본 품은 원목(原木)을 사용하여 원목→4각→8각→16각→원형으로 치목할 때를 기준으로 한 것이다.

② 본 품에는 후리기가 포함되어 있다.

4-16 추녀치목

(m³당)

구분	규격	단위	수량	비고
한 식 목 공		인	3.32	
한식목공조공		인	1.99	
보 통 인 부		인	1.66	
공 구 손 료	인력품의 5%	식	1	

[주] 본 품은 원목(原木)을 사용하여 치목할 때를 기준으로 한 것이다.

4-17 사래치목

(m³당)

구분	규격	단위	수량	비고
한 식 목 공		인	2.81	
한식목공조공		인	1.69	
보 통 인 부		인	1.40	
공 구 손 료	인력품의 5%	식	1	

[주] ① 본 품은 4각제재목(製材木)을 사용하여 치목할 때를 기준으로 한 것이다.

② 갈모산방은 본 품에 따른다.

4-18 주두치목

(㎥당)

구분	규격	단위	수량	비고
한 식 목 공		인	10.72	
한식목공조공		인	6.43	
보 통 인 부		인	5.36	
공 구 손 료	인력품의 5%	식	1	

[주] 본 품은 4각제재목(製材木)을 사용하여 치목할 때를 기준으로 한 것이다.

4-19 소로치목

(㎥당)

구분	규격	단위	수량	비고
한 식 목 공		인	33.74	
한식목공조공		인	20.25	
보 통 인 부		인	16.87	
공 구 손 료	인력품의 5%	식	1	

[주] 본 품은 4각제재목(製材木)을 사용하여 치목할 때를 기준으로 한 것이다.

4-20 첨차치목

4-20-1 첨차(초각 없음)

(㎥당)

구분	규격	단위	수량	비고
한 식 목 공		인	6.61	
한 식 목 공 조 공		인	3.97	
보 통 인 부		인	3.31	
공 구 손 료	인력품의 5%	식	1	

[주] ① 본 품은 4각제재목(製材木)을 사용하여 치목할 때를 기준으로 한 것이다.
　　② 교두형첨차, 사절형첨차 등은 본 품에 따른다.
　　③ 초각이 없는 보아지, 대공, 동자주, 첨차형살미 등은 본 품에 따른다.

4-20-2 첨차(초각 있음)

(㎥당)

구분	규격	단위	수량	비고
한 식 목 공		인	27.40	
한 식 목 조 각 공		인	39.74	
한 식 목 공 조 공		인	16.44	
보 통 인 부		인	13.70	
공 구 손 료	인력품의 5%	식	1	

[주] ① 본 품은 4각제재목(製材木)을 사용하여 치목할 때를 기준으로 한 것이다.
　　② 연화형첨차, 연화두형첨차, 운형첨차 등은 본 품에 따른다.
　　③ 초각이 있는 보아지, 운공, 대공, 첨차형살미 등은 본 품에 따른다.

4-21 살미치목

(㎥당)

구분	규격	단위	수량	비고
한 식 목 공		인	6.71	
한 식 목 조 각 공		인	4.35	
한 식 목 공 조 공		인	4.03	
보 통 인 부		인	3.35	
공 구 손 료	인력품의 5%	식	1	

[주] ① 본 품은 4각제재목(製材木)을 사용하여 치목할 때를 기준으로 한 것이다.
　　② 쇠서형살미, 앙서형살미, 익공형살미, 운형살미 등은 본 품에 따른다.
　　③ 초각이 없는 첨차형살미는 "4-20-1 첨차(초각 없음)"에 따른다.
　　④ 초각이 있는 첨차형살미는 "4-20-2 첨차(초각 있음)"에 따른다.

4-22 익공치목

(㎥당)

구분	규격	단위	수량	비고
한 식 목 공		인	15.24	
한 식 목 조 각 공		인	11.45	
한 식 목 공 조 공		인	9.14	
보 통 인 부		인	7.62	
공 구 손 료	인력품의 5%	식	1	

[주] 본 품은 4각제재목(製材木)을 사용하여 치목할 때를 기준으로 한 것이다.

4-23 축부재조립

4-23-1 주심포양식

(m³당)

구분	규격	단위	수량	비고
한 식 목 공		인	1.27	
한 식 목 공 조 공		인	0.39	
드 잡 이 공		인	1.03	
보 통 인 부		인	1.21	
공 구 손 료	인력품의 5%	식	1	

[주] ① 본 품은 주심포양식 건물의 축부재를 조립할 때를 기준으로 한 것이다.

② 본 품에는 소운반품이 포함되어 있다.

4-23-2 다포양식

(m³당)

구분	규격	단위	수량	비고
한 식 목 공		인	0.64	
한 식 목 공 조 공		인	0.20	
드 잡 이 공		인	0.52	
보 통 인 부		인	0.61	
공 구 손 료	인력품의 5%	식	1	

[주] ① 본 품은 다포양식 건물의 축부재를 조립할 때를 기준으로 한 것이다.

② 본 품에는 소운반품이 포함되어 있다.

4-23-3 도리양식

(㎥당)

구분	규격	단위	수량	비고
한 식 목 공		인	0.73	
한 식 목 공 조 공		인	0.22	
드 잡 이 공		인	0.60	
보 통 인 부		인	0.70	
공 구 손 료	인력품의 5%	식	1	

[주] ① 본 품은 도리양식 건물의 축부재를 조립할 때를 기준으로 한 것이다.
　　② 본 품에는 소운반품이 포함되어 있다.

4-23-4 익공양식

(㎥당)

구분	규격	단위	수량	비고
한 식 목 공		인	0.78	
한 식 목 공 조 공		인	0.24	
드 잡 이 공		인	0.64	
보 통 인 부		인	0.75	
공 구 손 료	인력품의 5%	식	1	

[주] ① 본 품은 익공양식 건물의 축부재를 조립할 때를 기준으로 한 것이다.
　　② 본 품에는 소운반품이 포함되어 있다.

4-24 평연부재조립

4-24-1 주심포양식

(㎥당)

구분	규격	단위	수량	비고
한 식 목 공		인	1.55	
한 식 목 공 조 공		인	0.93	
보 통 인 부		인	0.62	
공 구 손 료	인력품의 5%	식	1	

[주] ① 본 품은 주심포양식 건물의 평연부재를 조립할 때를 기준으로 한 것이다.

② 본 품에는 소운반품이 포함되어 있다.

4-24-2 다포양식

(㎥당)

구분	규격	단위	수량	비고
한 식 목 공		인	1.13	
한 식 목 공 조 공		인	0.68	
보 통 인 부		인	0.45	
공 구 손 료	인력품의 5%	식	1	

[주] ① 본 품은 다포양식 건물의 평연부재를 조립할 때를 기준으로 한 것이다.

② 본 품에는 소운반품이 포함되어 있다.

4-24-3 도리양식

(㎥당)

구분	규격	단위	수량	비고
한 식 목 공		인	1.46	
한 식 목 공 조 공		인	0.88	
보 통 인 부		인	0.59	
공 구 손 료	인력품의 5%	식	1	

[주] ① 본 품은 도리양식 건물의 평연부재를 조립할 때를 기준으로 한 것이다.
② 본 품에는 소운반품이 포함되어 있다.

4-24-4 익공양식

(㎥당)

구분	규격	단위	수량	비고
한 식 목 공		인	1.35	
한 식 목 공 조 공		인	0.81	
보 통 인 부		인	0.54	
공 구 손 료	인력품의 5%	식	1	

[주] ① 본 품은 익공양식 건물의 평연부재를 조립할 때를 기준으로 한 것이다.
② 본 품에는 소운반품이 포함되어 있다.

4-25 선연부재조립

4-25-1 주심포양식

(㎥당)

구분	규격	단위	수량	비고
한 식 목 공		인	1.24	
한식목공조공		인	0.74	
보 통 인 부		인	0.5	
공 구 손 료	인력품의 5%	식	1	

[주] ① 본 품은 주심포양식 건물의 선연부재를 조립할 때를 기준으로 한 것이다.

② 본 품에는 소운반품이 포함되어 있다.

4-25-2 다포양식

(㎥당)

구분	규격	단위	수량	비고
한 식 목 공		인	1	
한식목공조공		인	0.6	
보 통 인 부		인	0.4	
공 구 손 료	인력품의 5%	식	1	

[주] ① 본 품은 다포양식 건물의 선연부재를 조립할 때를 기준으로 한 것이다.

② 본 품에는 소운반품이 포함되어 있다.

4-25-3 도리양식

(㎥당)

구분	규격	단위	수량	비고
한 식 목 공		인	1.33	
한 식 목 공 조 공		인	0.8	
보 통 인 부		인	0.54	
공 구 손 료	인력품의 5%	식	1	

[주] ① 본 품은 도리양식 건물의 선연부재를 조립할 때를 기준으로 한 것이다.

② 본 품에는 소운반품이 포함되어 있다.

4-25-4 익공양식

(㎥당)

구분	규격	단위	수량	비고
한 식 목 공		인	0.94	
한 식 목 공 조 공		인	0.57	
보 통 인 부		인	0.380	
공 구 손 료	인력품의 5%	식	1	

[주] ① 본 품은 익공양식 건물의 선연부재를 조립할 때를 기준으로 한 것이다.

② 본 품에는 소운반품이 포함되어 있다.

4-26 포부재조립

4-26-1 주심포양식

(㎥당)

구분	규격	단위	수량	비고
한 식 목 공		인	0.83	
한식목공조공		인	0.50	
보 통 인 부		인	0.33	
공 구 손 료	인력품의 5%	식	1	

[주] ① 본 품은 주심포양식 건물의 포부재를 조립할 때를 기준으로 한 것이다.
② 본 품에는 소운반품이 포함되어 있다.

4-26-2 다포양식

(㎥당)

구분	규격	단위	수량	비고
한 식 목 공		인	0.61	
한식목공조공		인	0.37	
보 통 인 부		인	0.25	
공 구 손 료	인력품의 5%	식	1	

[주] ① 본 품은 다포양식 건물의 포부재를 조립할 때를 기준으로 한 것이다.
② 본 품에는 소운반품이 포함되어 있다.

4-26-3 익공양식

(㎥당)

구분	규격	단위	수량	비고
한 식 목 공		인	0.98	
한 식 목 공 조 공		인	0.59	
보 통 인 부		인	0.40	
공 구 손 료	인력품의 5%	식	1	

[주] ① 본 품은 익공양식 건물의 포부재를 조립할 때를 기준으로 한 것이다.

② 본 품에는 소운반품이 포함되어 있다.

4-27 드잡이공사

(개소당)

구분	규격	단위	수량	비고
드 잡 이 공		인	0.54	
한 식 목 공 조 공		인	0.38	
보 통 인 부		인	0.22	
공 구 손 료	인력품의 5%	식	1	

[주] ① 본 품은 서까래, 벽체까지 해체된 상태에서 드잡이할 때를 기준으로 한 것이다.

② 본 품은 변형확인, 버팀목설치, 변형잡기, 변형보강, 버팀목해체까지를 기준으로 한 것이다.

③ 본 품은 나사잭, 체인블록(턴버클 등)을 사용할 때를 기준으로 한 것이다.

④ 본 품에는 소운반품이 포함되어 있다.

⑤ 보강철물 및 버팀목 등의 재료는 별도 계상한다.

4-28 기둥동바리이음

4-28-1 주먹장이음(원기둥)

(개소당)

구분	규격	단위	수량	비고
한 식 목 공		인	0.82	
한식목공조공		인	0.37	
드 잡 이 공		인	0.32	
보 통 인 부		인	0.59	
공 구 손 료	인력품의 5%	식	1	

[주] ① 본 품은 기둥을 드잡이하면서 부식되거나 파손된 부분을 잘라내고, 신재로 치목한 기둥(동바리)을 이음할 때를 기준으로 한 것이다.

② 본 품에는 치목품이 포함되어 있다.

③ 본 품은 원형제재목을 사용하여 이음할 때를 기준으로 한 것으로, 원목(原木)을 사용할 경우 치목품은 '4-5 4각치목', '4-6 8각치목', '4-7 16각치목'에 따른다.

④ 본 품에는 소운반품이 포함되어 있다.

⑤ 기둥(동바리) 재료는 별도 계상한다.

⑥ 장부 홈파기는 1개소당 한식목공 0.18인을 가산한다.

⑦ 잡재료는 별도 계상한다.

4-28-2 주먹장이음(각기둥)

(개소당)

구분	규격	단위	수량	비고
한 식 목 공		인	0.73	
한 식 목 공 조 공		인	0.32	
드 잡 이 공		인	0.32	
보 통 인 부		인	0.55	
공 구 손 료	인력품의 5%	식	1	

[주] ① 본 품은 기둥을 드잡이하면서 부식되거나 파손된 부분을 잘라내고, 신재로 치목한 기둥(동바리)을 이음할 때를 기준으로 한 것이다.

② 본 품에는 치목품이 포함되어 있다.

③ 본 품은 4각제재목을 사용하여 이음할 때를 기준으로 한 것으로, 원목(原木)을 사용할 경우 치목품은 '4-5 4각치목'에 따른다.

④ 본 품에는 소운반품이 포함되어 있다.

⑤ 기둥(동바리) 재료는 별도 계상한다.

⑥ 장부 홈파기는 1개소당 한식목공 0.18인을 가산한다.

⑦ 잡재료는 별도 계상한다.

4-28-3 엇걸이산지이음(원기둥)

(개소당)

구분	규격	단위	수량	비고
한 식 목 공		인	1.01	
한 식 목 공 조 공		인	0.61	
보 통 인 부		인	0.51	
공 구 손 료	인력품의 5%	식	1	

[주] ① 본 품은 원기둥이 해체된 상태에서 부식되거나 파손된 부분을 잘라내고, 신재로 치목한 기둥(동바리)을 이음할 때를 기준으로 한 것이다.

② 본 품에는 치목품이 포함되어 있다.

③ 본 품은 원형제재목을 사용하여 이음할 때를 기준으로 한 것으로, 원목(原木)을 사용할 경우 치목품은 '4-5 4각치목', '4-6 8각치목', '4-7 16각치목'에 따른다.

④ 본 품에는 소운반품이 포함되어 있다.

⑤ 기둥(동바리) 재료는 별도 계상한다.

⑥ 장부 홈파기는 1개소당 한식목공 0.18인을 가산한다.

⑦ 드잡이는 필요시 별도 계상한다.

⑧ 잡재료는 별도 계상한다.

4-28-4 엇걸이산지이음(각기둥)

(개소당)

구분	규격	단위	수량	비고
한 식 목 공		인	0.83	
한 식 목 공 조 공		인	0.50	
보 통 인 부		인	0.42	
공 구 손 료	인력품의 5%	식	1	

[주] ① 본 품은 각기둥이 해체된 상태에서 부식되거나 파손된 부분을 잘라내고, 신재로 치목한 기둥(동바리)을 이음할 때를 기준으로 한 것이다.

② 본 품에는 치목품이 포함되어 있다.

③ 본 품은 4각제재목을 사용하여 이음할 때를 기준으로 한 것으로, 원목(原木)을 사용할 경우 치목품은 '4-5 4각치목'에 따른다.

④ 본 품에는 소운반품이 포함되어 있다.

⑤ 기둥(동바리) 재료는 별도 계상한다.

⑥ 장부 홈파기는 1개소당 한식목공 0.18인을 가산한다.

⑦ 드잡이는 필요시 별도 계상한다.

⑧ 잡재료는 별도 계상한다.

4-29 기둥치목(전동공구)

4-29-1 원기둥(8각제재목 사용, 전동공구)

(㎥당)

구분	규격	단위	수량	비고
한 식 목 공		인	2.07	
한 식 목 공 조 공		인	1.24	
보 통 인 부		인	1.03	
공 구 손 료	인력품의 5%	식	1	

[주] ① 본 품은 8각제재목(製材木)을 사용하여 치목할 때를 기준으로 한 것이다.

② 본 품은 전동공구를 사용하여 치목하고, 마무리는 전통연장을 사용할 때의 품이다.

4-29-2 원기둥(16각제재목 사용, 전동공구)

(㎥당)

구분	규격	단위	수량	비고
한 식 목 공		인	1.71	
한 식 목 공 조 공		인	1.02	
보 통 인 부		인	0.86	
공 구 손 료	인력품의 5%	식	1	

[주] ① 본 품은 16각제재목(製材木)을 사용하여 치목할 때를 기준으로 한 것이다.
　　② 본 품은 전동공구를 사용하여 치목하고, 마무리는 전통연장을 사용할 때의 품이다.

4-29-3 원기둥(원형제재목 사용, 전동공구)

(㎥당)

구분	규격	단위	수량	비고
한 식 목 공		인	1.08	
한 식 목 공 조 공		인	0.65	
보 통 인 부		인	0.54	
공 구 손 료	인력품의 5%	식	1	

[주] ① 본 품은 원형제재목(製材木)을 사용하여 치목할 때를 기준으로 한 것이다.
　　② 본 품은 전동공구를 사용하여 치목하고, 마무리는 전통연장을 사용할 때의 품이다.

4-29-4 각기둥(전동공구)

(m³당)

구분	규격	단위	수량	비고
한 식 목 공		인	2	
한 식 목 공 조 공		인	1.2	
보 통 인 부		인	1	
공 구 손 료	인력품의 5%	식	1	

[주] ① 본 품은 4각제재목(製材木)을 사용하여 치목할 때를 기준으로 한 것이다.
② 본 품은 전동공구를 사용하여 치목하고, 마무리는 전통연장을 사용할 때의 품이다.

4-30 보치목(전동공구)

4-30-1 보(각형-초각 없음, 전동공구)

(m³당)

구분	규격	단위	수량	비고
한 식 목 공		인	1.05	
한 식 목 공 조 공		인	0.63	
보 통 인 부		인	0.52	
공 구 손 료	인력품의 5%	식	1	

[주] ① 본 품은 4각제재목(製材木)을 사용하여 치목할 때를 기준으로 한 것이다.
② 본 품은 전동공구를 사용하여 치목하고, 마무리는 전통연장을 사용할 때의 품이다.
③ 본 품은 단면이 각형이고 보머리의 초각이 없을 때를 기준으로 한 것이다.

4-30-2 보(각형-초각 있음, 전동공구)

(㎥당)

구분	규격	단위	수량	비고
한 식 목 공		인	1.93	
한 식 목 공 조 공		인	1.16	
보 통 인 부		인	0.97	
공 구 손 료	인력품의 5%	식	1	

[주] ① 본 품은 4각제재목(製材木)을 사용하여 치목할 때를 기준으로 한 것이다.
② 본 품은 전동공구를 사용하여 치목하고, 마무리는 전통연장을 사용할 때의 품이다.
③ 본 품은 단면이 각형이고 보머리의 초각이 있을 때를 기준으로 한 것이다.

4-30-3 보(이형, 전동공구)

(㎥당)

구분	규격	단위	수량	비고
한 식 목 공		인	3.22	
한 식 목 공 조 공		인	1.93	
보 통 인 부		인	1.61	
공 구 손 료	인력품의 5%	식	1	

[주] ① 본 품은 4각제재목(製材木)을 사용하여 치목할 때를 기준으로 한 것이다.
② 본 품은 전동공구를 사용하여 치목하고, 마무리는 전통연장을 사용할 때의 품이다.
③ 본 품은 단면이 이형이고 보머리의 초각이 있을 때를 기준으로 한 것이다.

4-31 창방치목(전동공구)

4-31-1 창방(전동공구)

(m³당)

구분	규격	단위	수량	비고
한 식 목 공		인	1.49	
한 식 목 공 조 공		인	0.90	
보 통 인 부		인	0.75	
공 구 손 료	인력품의 5%	식	1	

[주] ① 본 품은 4각제재목(製材木)을 사용하여 치목할 때를 기준으로 한 것이다.
　　② 본 품은 전동공구를 사용하여 치목하고, 마무리는 전통연장을 사용할 때의 품이다.
　　③ 본 품은 뺄목이 없거나 뺄목에 초각이 없는 창방을 치목할 때를 기준으로 한 것이다.
　　④ 본 품은 모접기 3cm를 기준으로 한 것이다.

4-31-2 창방(뺄목-초각 있음, 전동공구)

(m³당)

구분	규격	단위	수량	비고
한 식 목 공		인	2.25	
한 식 목 공 조 공		인	1.35	
보 통 인 부		인	1.13	
공 구 손 료	인력품의 5%	식	1	

[주] ① 본 품은 4각제재목(製材木)을 사용하여 치목할 때를 기준으로 한 것이다.
　　② 본 품은 전동공구를 사용하여 치목하고, 마무리는 전통연장을 사용할 때의 품이다.
　　③ 본 품은 뺄목에 초각이 있는 창방을 치목할 때를 기준으로 한 것이다.
　　④ 본 품은 모접기 3cm를 기준으로 한 것이다.

4-32 도리치목(전동공구)

4-32-1 굴도리(8각제재목 사용, 전동공구)

(㎥당)

구분	규격	단위	수량	비고
한 식 목 공		인	1.01	
한 식 목 공 조 공		인	0.61	
보 통 인 부		인	0.51	
공 구 손 료	인력품의 5%	식	1	

[주] ① 본 품은 8각제재목(製材木)을 사용하여 치목할 때를 기준으로 한 것이다.
② 본 품은 전동공구를 사용하여 치목하고, 마무리는 전통연장을 사용할 때의 품이다.

4-32-2 굴도리(16각제재목 사용, 전동공구)

(㎥당)

구분	규격	단위	수량	비고
한 식 목 공		인	0.69	
한 식 목 공 조 공		인	0.42	
보 통 인 부		인	0.35	
공 구 손 료	인력품의 5%	식	1	

[주] ① 본 품은 16각제재목(製材木)을 사용하여 치목할 때를 기준으로 한 것이다.
② 본 품은 전동공구를 사용하여 치목하고, 마무리는 전통연장을 사용할 때의 품이다.

4-32-3 굴도리(원형제재목 사용, 전동공구)

(㎥당)

구분	규격	단위	수량	비고
한 식 목 공		인	0.45	
한 식 목 공 조 공		인	0.27	
보 통 인 부		인	0.23	
공 구 손 료	인력품의 5%	식	1	

[주] ① 본 품은 원형제재목(製材木)을 사용하여 치목할 때를 기준으로 한 것이다.
② 본 품은 전동공구를 사용하여 치목하고, 마무리는 전통연장을 사용할 때의 품이다.

4-32-4 납도리(전동공구)

(㎥당)

구분	규격	단위	수량	비고
한 식 목 공		인	0.73	
한 식 목 공 조 공		인	0.44	
보 통 인 부		인	0.36	
공 구 손 료	인력품의 5%	식	1	

[주] ① 본 품은 4각제재목(製材木)을 사용하여 치목할 때를 기준으로 한 것이다.
② 본 품은 전동공구를 사용하여 치목하고, 마무리는 전통연장을 사용할 때의 품이다.
③ 장귀틀, 동귀틀, 멍에, 장선, 평방 등은 본 품에 따른다.

4-33 장여치목(전동공구)

(㎥당)

구분	규격	단위	수량	비고
한 식 목 공		인	0.50	
한 식 목 공 조 공		인	0.30	
보 통 인 부		인	0.25	
공 구 손 료	인력품의 5%	식	1	

[주] ① 본 품은 4각제재목(製材木)을 사용하여 치목할 때를 기준으로 한 것이다.
　　② 본 품은 전동공구를 사용하여 치목하고, 마무리는 전통연장을 사용할 때의 품이다.
　　③ 인방, 벽선, 문선 등은 본 품에 따른다.

4-34 부연치목(전동공구)

(㎥당)

구분	규격	단위	수량	비고
한 식 목 공		인	1.42	
한 식 목 공 조 공		인	0.78	
보 통 인 부		인	0.65	
공 구 손 료	인력품의 5%	식	1	

[주] ① 본 품은 4각제재목(製材木)을 사용하여 치목할 때를 기준으로 한 것이다.
　　② 본 품은 전동공구를 사용하여 치목하고, 마무리는 전통연장을 사용할 때의 품이다.
　　③ 본 품은 후리기가 포함되어 있다.
　　④ 평고대는 본 품에 따른다.
　　⑤ 목기연은 본 품의 30%를 가산한다.
　　⑥ 박공널, 개판, 착고판 등은 본 품의 50%를 적용한다.

4-35 평(말굽)서까래치목(전동공구)

4-35-1 원목 → 원형

(m³당)

구분	규격	단위	수량	비고
한 식 목 공		인	1.29	
한 식 목 공 조 공		인	0.77	
보 통 인 부		인	0.65	
공 구 손 료	인력품의 5%	식	1	

[주] ① 본 품은 원목(原木)을 사용하여 껍질을 벗기고 원형으로 치목할 때를 기준으로 한 것이다.

② 본 품은 전동공구를 사용하여 치목하고, 마무리는 전통연장을 사용할 때의 품이다.

③ 본 품에는 후리기가 포함되어 있다.

4-35-2 원목 → 4각 → 8각 → 16각 → 원형

(m³당)

구분	규격	단위	수량	비고
한 식 목 공		인	2.96	
한 식 목 공 조 공		인	1.78	
보 통 인 부		인	1.48	
공 구 손 료	인력품의 5%	식	1	

[주] ① 본 품은 원목(原木)을 사용하여 원목→4각→8각→16각→원형으로 치목할 때를 기준으로 한 것이다.

② 본 품은 전동공구를 사용하여 치목하고, 마무리는 전통연장을 사용할 때의 품이다.

③ 본 품에는 후리기가 포함되어 있다.

4-36 선자서까래치목(전동공구)

4-36-1 원목 → 원형

(㎥당)

구분	규격	단위	수량	비고
한 식 목 공		인	0.65	
한 식 목 공 조 공		인	0.39	
보 통 인 부		인	0.33	
공 구 손 료	인력품의 5%	식	1	

[주] ① 본 품은 원목(原木)을 사용하여 껍질을 벗기고 원형으로 치목할 때를 기준으로 한 것이다.
② 본 품은 전동공구를 사용하여 치목하고, 마무리는 전통연장을 사용할 때의 품이다.
③ 본 품에는 후리기가 포함되어 있다.

4-36-2 원목 → 4각 → 8각 → 16각 → 원형

(㎥당)

구분	규격	단위	수량	비고
한 식 목 공		인	1.61	
한 식 목 공 조 공		인	0.97	
보 통 인 부		인	0.81	
공 구 손 료	인력품의 5%	식	1	

[주] ① 본 품은 원목(原木)을 사용하여 원목→4각→8각→16각→원형으로 치목할 때를 기준으로 한 것이다.
② 본 품은 전동공구를 사용하여 치목하고, 마무리는 전통연장을 사용할 때의 품이다.
③ 본 품에는 후리기가 포함되어 있다.

4-37 추녀치목(전동공구)

(㎥당)

구분	규격	단위	수량	비고
한 식 목 공		인	0.74	
한 식 목 공 조 공		인	0.44	
보 통 인 부		인	0.37	
공 구 손 료	인력품의 5%	식	1	

[주] ① 본 품은 2면제재목(製材木)을 사용하여 치목할 때를 기준으로 한 것이다.
② 본 품은 전동공구를 사용하여 치목하고, 마무리는 전통연장을 사용할 때의 품이다.

4-38 사래치목(전동공구)

(㎥당)

구분	규격	단위	수량	비고
한 식 목 공		인	0.29	
한 식 목 공 조 공		인	0.18	
보 통 인 부		인	0.15	
공 구 손 료	인력품의 5%	식	1	

[주] ① 본 품은 4각제재목(製材木)을 사용하여 치목할 때를 기준으로 한 것이다.
② 본 품은 전동공구를 사용하여 치목하고, 마무리는 전통연장을 사용할 때의 품이다.
③ 갈모산방은 본 품에 따른다.

4-39 주두치목(전동공구)

(㎥당)

구 분	규 격	단위	수량	비고
한 식 목 공		인	3.24	
한 식 목 공 조 공		인	1.95	
보 통 인 부		인	1.62	
공 구 손 료	인력품의 5%	식	1	

[주] ① 본 품은 4각제재목(製材木)을 사용하여 치목할 때를 기준으로 한 것이다.
② 본 품은 전동공구를 사용하여 치목하고, 마무리는 전통연장을 사용할 때의 품이다.

4-40 소로치목(전동공구)

(㎥당)

구 분	규 격	단위	수량	비고
한 식 목 공		인	3.62	
한 식 목 공 조 공		인	2.18	
보 통 인 부		인	1.81	
공 구 손 료	인력품의 5%	식	1	

[주] ① 본 품은 4각제재목(製材木)을 사용하여 치목할 때를 기준으로 한 것이다.
② 본 품은 전동공구를 사용하여 치목하고, 마무리는 전통연장을 사용할 때의 품이다.

4-41 첨차치목(전동공구)

4-41-1 첨차(초각 없음, 전동공구)

(㎥당)

구분	규격	단위	수량	비고
한 식 목 공		인	2.50	
한 식 목 공 조 공		인	1.50	
보 통 인 부		인	1.25	
공 구 손 료	인력품의 5%	식	1	

[주] ① 본 품은 4각제재목(製材木)을 사용하여 치목할 때를 기준으로 한 것이다.
② 본 품은 전동공구를 사용하여 치목하고, 마무리는 전통연장을 사용할 때의 품이다.
③ 교두형첨차, 사절형첨차 등은 본 품에 따른다.
④ 초각이 없는 보아지, 대공, 동자주, 첨차형살미 등은 본 품에 따른다.

4-41-2 첨차(초각 있음, 전동공구)

(㎥당)

구분	규격	단위	수량	비고
한 식 목 공		인	5.60	
한 식 목 조 각 공		인	4.64	
한 식 목 공 조 공		인	3.36	
보 통 인 부		인	2.80	
공 구 손 료	인력품의 5%	식	1	

[주] ① 본 품은 4각제재목(製材木)을 사용하여 치목할 때를 기준으로 한 것이다.
② 본 품은 전동공구를 사용하여 치목하고, 마무리는 전통연장을 사용할 때의 품이다.
③ 연화형첨차, 연화두형첨차, 운형첨차 등은 본 품에 따른다.
④ 초각이 있는 보아지, 운공, 대공, 첨차형살미 등은 본 품에 따른다.

4-42 살미치목(전동공구)

(㎥당)

구분	규격	단위	수량	비고
한 식 목 공		인	2.56	
한 식 목 조 각 공		인	1.14	
한 식 목 공 조 공		인	1.54	
보 통 인 부		인	1.28	
공 구 손 료	인력품의 5%	식	1	

[주] ① 본 품은 4각제재목(製材木)을 사용하여 치목할 때를 기준으로 한 것이다.
② 본 품은 전동공구를 사용하여 치목하고, 마무리는 전통연장을 사용할 때의 품이다.
③ 쇠서형살미, 앙서형살미, 익공형살미, 운형살미 등은 본 품에 따른다.
④ 초각이 없는 첨차형살미는 "4-41-1 첨차(초각 없음)"에 따른다.
⑤ 초각이 있는 첨차형살미는 "4-41-2 첨차(초각 있음)"에 따른다.

4-43 익공치목(전동공구)

(㎥당)

구분	규격	단위	수량	비고
한 식 목 공		인	8.43	
한 식 목 조 각 공		인	5.64	
한 식 목 공 조 공		인	5.06	
보 통 인 부		인	4.21	
공 구 손 료	인력품의 5%	식	1	

[주] ① 본 품은 4각제재목(製材木)을 사용하여 치목할 때를 기준으로 한 것이다.
② 본 품은 전동공구를 사용하여 치목하고, 마무리는 전통연장을 사용할 때의 품이다.

4-44 연침구멍뚫기

(개소당)

구분	규격	단위	수량	비고
한 식 목 공		인	0.03	
한 식 목 공 조 공		인	0.02	
보 통 인 부		인	0.02	
공 구 손 료	인력품의 5%	식	1	

[주] ① 본 품은 인력으로 먹긋기 후 연침구멍뚫기를 기준으로 한 것이다.

② 본 품에는 소운반품이 포함되어 있다.

4-45 연침구멍뚫기(전동공구)

(개소당)

구분	규격	단위	수량	비고
한 식 목 공		인	0.02	
한 식 목 공 조 공		인	0.02	
보 통 인 부		인	0.01	
공 구 손 료	인력품의 5%	식	1	

[주] ① 본 품은 먹긋기 후 전동공구를 사용하여 연침구멍뚫기를 기준으로 한 것이다.

② 본 품에는 소운반품이 포함되어 있다.

4-46 연침설치

(개소당)

구분	규격	단위	수량	비고
한 식 목 공		인	0.01	
한 식 목 공 조 공		인	0.01	
보 통 인 부		인	0.01	
공 구 손 료	인력품의 5%	식	1	

[주] ① 본 품은 연침재료채취, 연침만들기 및 연침설치를 기준으로 한 것이다.
② 본 품에는 소운반품이 포함되어 있다.

4-47 누리개설치

(㎥당)

구분	규격	단위	수량	비고
한 식 목 공		인	0.73	
한 식 목 공 조 공		인	0.44	
보 통 인 부		인	0.37	
공 구 손 료	인력품의 5%	식	1	

[주] ① 본 품은 누리개 운반 및 설치를 기준으로 한 것이다.
② 본 품에는 소운반품이 포함되어 있다.

4-48 평(말굽)서까래치목(자연목)

(㎥당)

구분	규격	단위	수량	비고
한 식 목 공		인	9.18	
한 식 목 공 조 공		인	5.51	
보 통 인 부		인	4.59	
공 구 손 료	인력품의 5%	식	1	

[주] ① 본 품은 휘어짐 등이 있는 원목(原木)을 껍질만 벗기고 원형으로 치목할 때를 기준으로 한 것이다.

② 본 품에는 후리기가 포함되어 있다.

제5장

지붕공사

2023 문화재수리 표준품셈

제5장 지붕공사

5-0 적용기준

1. 처마높이 3.6m 이상~6.0m 이하일 경우에는 인력품을 15% 가산하고, 6.0m를 초과할 경우에는 매 3.0m마다 각각 10%씩 가산한다.

2. 지붕구배가 30° 이상일 때는 인력품을 30% 가산한다.

3. 생석회 피우기(소화)는 생석회 100kg당 보통인부 0.13인을 가산한다.

4. 비계매기는 필요 시 별도 계상한다.

5. 지붕 물청소를 할 경우에는 물청소품을 별도 계상한다.

6. 착고기와, 특수기와는 설계수량으로 별도 계상한다.

7. 소규모 공사
   지붕공사 수량이 30㎡ 이하일 경우에는 인력품을 50% 가산한다. 단, 제1장 적용기준의 소단위공사와 둘 중 하나만을 적용한다.

8. 편수산정기준은 다음과 같다.
   ① 기와이기 : 지붕면적 30㎡당 1인
   ② 기와해체 : 지붕면적 60㎡당 1인

9. 수량산출기준은 다음과 같다.

① 산자엮기

구분	단위	산출식	비고
맞 배	m²	(a× l_1)×2면	
우 진 각	m²	{(a+a')× l_1×1/2}×2면+(b× l_1'×1/2)×2면	
팔 작	m²	(c× l_1)×2면+(d× l_1')×2면+(e× l_1''×1/2)×4면+(f× l_1'×1/2)×4면	
사모정 등	m²	(a× l_1×1/2)×4면	육모정 : ×6면 팔모정 : ×8면

② 적심설치

구분	단위	산출식	비고
맞 배	m³	(a× l_1)×2면×0.9×t	
우 진 각	m³	[{(a+a')× l_1×1/2}×2면+(b× l_1'×1/2)×2면]×0.9×t	
팔 작	m³	[(c× l_1)×2면+(d× l_1')×2면+(e× l_1''×1/2)×4면+(f× l_1'×1/2)×4면]×0.9×t	
사모정 등	m³	[(a× l_1×1/2)×4면]×0.9×t	육모정 : ×6면 팔모정 : ×8면

[주] t : 적심설치 최대두께×1/2

③ 보토다짐・생석회다짐(지붕)

구분	단위	산출식	비고
맞 배	m³	$(a \times l_1) \times 2면 \times t$	겹처마 : l_2 $l'_2,$ l''_2
우 진 각	m³	$[\{(a+a') \times l_1 \times 1/2\} \times 2면 + (b \times l'_1 \times 1/2) \times 2면] \times t$	
팔 작	m³	$[(c \times l_1) \times 2면 + (d \times l'_1) \times 2면 + (e \times l''_1 \times 1/2) \times 4면 + (f \times l'_1 \times 1/2) \times 4면] \times t$	
사모정 등	m³	$(a \times l_1 \times 1/2) \times 4면 \times t$	육모정 : ×6면 팔모정 : ×8면

[주] t : 다짐두께

④ 기와고르기・기와이기

구분	단위	산출식	비고
맞 배	m²	$(a \times l) \times 2면$	①×2
우 진 각	m²	$\{(a+a') \times l \times 1/2\} \times 2면 + (b \times l' \times 1/2) \times 2면$	(①×2)+(②×2)
팔 작	m²	$(c \times l) \times 2면 + (d \times l') \times 2면 + (e \times l'' \times 1/2) \times 4면 + (f \times l' \times 1/2) \times 4면$	(①×2)+(②×2)+(③×4)+(④×4)
사모정 등	m²	$(a \times l \times 1/2) \times 4면$	①×4 육모정 : ×6면 팔모정 : ×8면

※ 추녀마루 바닥기와 만들기 (우진각, 팔작, 사모정 등) : r x 4

⑤ 마루기와이기

구분	단위	산출식	비고
맞 배	m	용마루+내림마루	
우 진 각	m	용마루+추녀마루	
팔 작	m	용마루+내림마루+추녀마루	
사 모 정 등	m	추녀마루	

⑥ 장식기와

구분	단위	산출식	비고
장식기와설치(용두)	개소	해체·설치수량	
장식기와해체(용두)			
장식기와설치(절병통)			

⑦ 회첨골이기

구분	단위	산출식	비고
회 첨 골 이 기	m²	$l \times w$	

[주] l : 회첨바닥기와(암키와) 상단 끝에서 하단 끝까지의 직선길이

　　w : 회첨바닥기와(암키와) 양 끝단의 직선길이

⑧ 착고기와따기

구분	단위	산출식	비고
착고기와따기	매	설치수량	

⑨ 초가지붕

구분	단위	산출식	비고
초가알매흙치기	m³	보토다짐과 동일	
초가지붕 처마기스락설치	m²	설치면적 (뒷길이 포함)	
이엉엮기	m	이엉길이	
이엉이기	m²	지붕면적	
용마름엮기	m	용마름길이	
용마름이기	m	용마름설치길이	
고사새끼엮기	m²	기와이기와 동일	
연죽설치	m	연죽설치길이	
초가지붕해체	m²	해체면적	
초가군새해체	m²	해체면적	
초가군새설치	m²	설치면적	

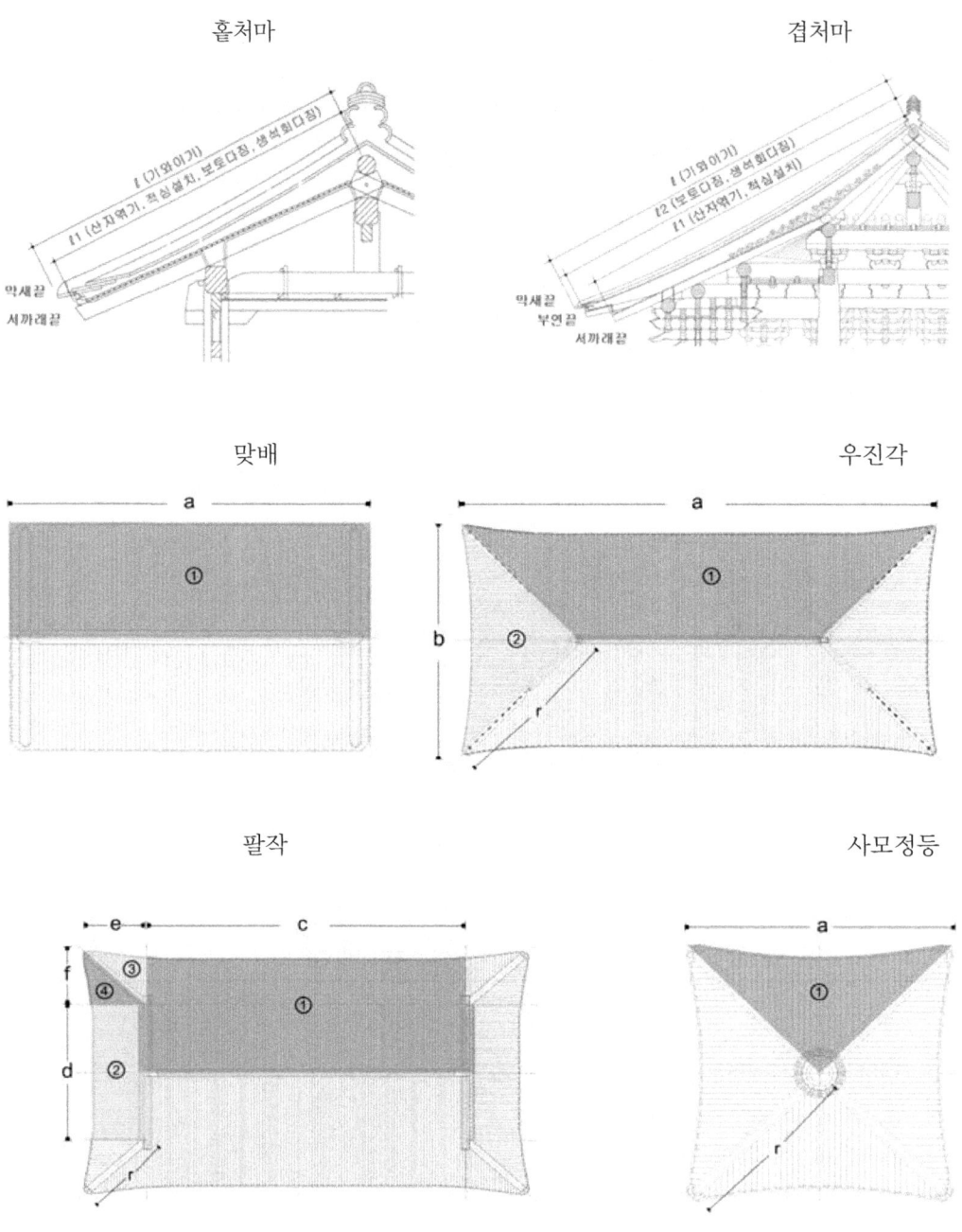

[주] ① 맞 배　　a　：너새기와끝 사이의 직선 길이
　　　　　　　　l　：종단면도에서 적심도리 중심선과 막새기와끝까지의 직선 길이
　　　　　　　　l_1　：종단면도에서 적심도리 중심선과 서까래끝까지의 직선 길이
　　　　　　　　l_2　：종단면도에서 적심도리 중심선과 부연끝까지의 직선 길이

　　　② 우진각　a　：정면에서 추녀(사래) 막새기와끝 사이의 길이
　　　　　　　　a'　：용마루와 추녀마루 중심선의 교차점 사이의 길이
　　　　　　　　b　：측면에서 추녀(사래) 막새기와끝 사이의 길이
　　　　　　　　l　：종단면도에서 적심도리 중심선과 막새기와 끝까지의 직선 길이
　　　　　　　　l_1　：종단면도에서 적심도리 중심선과 서까래끝까지의 직선 길이
　　　　　　　　l_2　：종단면도에서 적심도리 중심선과 부연끝까지의 직선 길이
　　　　　　　　l'　：횡단면도에서 십자도리 중심선과 막새기와 끝까지의 직선 길이
　　　　　　　　l'_1　：횡단면도에서 십자도리 중심선과 서까래끝까지의 직선 길이
　　　　　　　　l'_2　：횡단면도에서 십자도리 중심선과 부연끝까지의 직선 길이

　　　③ 팔 작　　c　：정면에서 내림마루 중심선 사이의 직선 길이
　　　　　　　　d　：측면에서 내림마루와 추녀마루 중심선의 교차점 사이의 직선 길이
　　　　　　　　e　：정면에서 내림마루 중심선과 추녀(사래) 막새기와끝 사이의 직선 길이
　　　　　　　　f　：측면에서 내림마루 중심선과 추녀마루 중심선의 교차점을 지나는 내림마루와 직각방향의 직선과 추녀(사래) 막새기와끝 사이의 직선 길이
　　　　　　　　l　：종단면도에서 적심도리 중심선과 막새기와끝까지의 직선 길이
　　　　　　　　l_1　：종단면도에서 적심도리 중심선과 서까래끝까지의 직선 길이
　　　　　　　　l_2　：종단면도에서 적심도리 중심선과 부연끝까지의 직선 길이
　　　　　　　　l'　：횡단면도에서 내림마루 중심선과 막새기와끝까지의 직선 길이
　　　　　　　　l'_1　：횡단면도에서 내림마루 중심선과 서까래끝까지의 직선 길이
　　　　　　　　l'_2　：횡단면도에서 내림마루 중심선과 부연끝까지의 직선 길이
　　　　　　　　l''　：측면에서 내림마루 중심선과 추녀마루 중심선의 교차점을 지나는 내림마루와 직각방향의 직선과 추녀(사래) 막새기와끝 사이의 직선 길이

l_1'' : 측면에서 내림마루 중심선과 추녀마루 중심선의 교차점을 지나는 내림마루와 직각방향의 직선과 추녀(사래) 서까래끝 사이의 직선 길이

l_2'' : 측면에서 내림마루 중심선과 추녀마루 중심선의 교차점을 지나는 내림마루와 직각방향의 직선과 추녀(사래) 부연끝 사이의 직선 길이

④ 사모정 등　a : 추녀(사래) 막새기와끝 중심선 사이의 직선 길이

　　　　　　　l : 지붕중심(추녀교차점)에서 막새기와끝까지의 직선 길이

　　　　　　　l_1 : 지붕중심(추녀교차점)에서 서까래끝까지의 직선 길이

　　　　　　　l_2 : 지붕중심(추녀교차점)에서 부연끝까지의 직선 길이

5-1 기와해체

(㎡당)

구분	규격	단위	수량	비고
한 식 와 공		인	0.02	
한 식 와 공 조 공		인	0.05	
보 통 인 부		인	0.08	
공 구 손 료	인력품의 3%	식	1	

[주] ① 본 품은 해체재를 재사용 할 때를 기준으로 한 것이다.
② 본 품에는 마루기와 해체품이 포함되어 있다.
③ 생석회다짐, 보토, 적심, 산자 해체품은 "5-2 지붕해체(생석회다짐, 보토, 적심, 산자)"에 따른다.
④ 용두, 취두, 치미, 잡상, 절병통 등의 해체품은 별도 계상한다.

5-2 지붕해체(생석회다짐, 보토, 적심, 산자)

(㎡당)

구분	규격	단위	수량	비고
한 식 와 공		인	0.03	
한 식 와 공 조 공		인	0.03	
보 통 인 부		인	0.19	
공 구 손 료	인력품의 3%	식	1	

[주] 잡재료는 별도 계상한다.

5-3 산자엮기

(㎡당)

구분	규격	단위	수량	비고
산　　　자	두께 30mm	㎥	0.03	
새　　　끼	∅7.5mm, 1타 65m	m	4.55	
한 식 미 장 공		인	0.02	
한식미장공조공		인	0.02	
보 통 인 부		인	0.07	
공 구 손 료	인력품의 3%	식	1	

[주] ① 본 품에는 소운반품이 포함되어 있다.
　　② 현장에서 인력으로 원목을 쪼개어 산자로 사용할 경우 아래 품을 가산한다.

(㎡당)

구분	규격	단위	수량	비고
원　　　목	일　반　재	㎥	0.04	
보 통 인 부		인	0.23	

※ 재료량은 할증이 포함된 것이다.
※ 쪼갠나무산자 제작에 소요되는 품 및 재료 가산 시 산자엮기의 산자 재료량은 계상하지 아니한다.

5-4 적심설치

(㎥당)

구분	규격	단위	수량	비고
한 식 와 공		인	0.11	
한 식 와 공 조 공		인	0.16	
보 통 인 부		인	0.14	
공 구 손 료	인력품의 3%	식	1	

[주] ① 본 품에는 소운반품이 포함되어 있다.
　　② 고정용 철물(적심정)은 필요 시 별도 계상한다.

5-5 보토다짐

(㎥당)

구분	규격	단위	수량	비고
생 석 회		kg	78	
진 흙		㎥	0.9	
마 사 토		㎥	0.3	
한 식 와 공		인	0.22	
한 식 와 공 조 공		인	0.22	
보 통 인 부		인	0.86	
공 구 손 료	인력품의 3%	식	1	

[주] ① 본 품에는 재료할증이 포함되어 있다.

② 본 품에는 비빔 및 소운반품이 포함되어 있다.

③ 생석회피우기(소화)는 생석회 100kg당 보통인부 0.13인을 가산한다.

5-6 생석회다짐(지붕)

(㎥당)

구분	규격	단위	수량	비고
생 석 회		kg	128	
마 사 토		㎥	1.1	
한 식 와 공		인	0.18	
한 식 와 공 조 공		인	0.18	
보 통 인 부		인	0.7	
공 구 손 료	인력품의 3%	식	1	

[주] ① 본 품에는 재료할증이 포함되어 있다.

② 본 품에는 비빔 및 소운반품이 포함되어 있다.

③ 생석회피우기(소화)는 생석회 100kg당 보통인부 0.13인을 가산한다.

5-7 기와이기

5-7-1 바닥기와이기

(m²당)

구분	규격	단위	수량	비고
생 석 회		kg	7.80	
진 흙		m³	0.09	
마 사 토		m³	0.03	
한 식 와 공		인	0.04	
한식와공조공		인	0.12	
보 통 인 부		인	0.20	
공 구 손 료	인력품의 3%	식	1	

[주] ① 본 품은 바닥기와이기(알매흙채우기, 암키와이기, 홍두깨흙채우기, 수키와이기), 너새이기, 기와청소까지를 기준으로 한 것이다.

② 본 품에는 연암 치목 및 설치품이 포함되어 있다.

③ 본 품에는 재료할증이 포함되어 있다.

④ 본 품에는 비빔 및 소운반품이 포함되어 있다.

⑤ 생석회피우기(소화)는 생석회 100kg당 보통인부 0.13인을 가산한다.

⑥ 연암 및 기와는 별도 계상한다.

⑦ 잡재료(와정, 동선 등)는 별도 계상한다.

5-7-2 추녀마루 바닥기와만들기

(m당)

구분	규격	단위	수량	비고
한 식 와 공		인	0.02	
공 구 손 료	인력품의 3%	식	1	

[주] ① 본 품은 추녀마루에서 지붕면이 서로 만나는 곳에 바닥기와이기를 위한 암키와와 수키와를 비스듬히 잘라낼 때를 기준으로 한 것이다.

② 본 품에는 소운반품이 포함되어 있다.

③ 기와는 별도 계상한다.

5-8 마루기와이기

(m당)

구분	규격	단위	수량 3겹	수량 5겹	수량 7겹	수량 9겹	비고
한 식 와 공		인	0.04	0.05	0.06	0.08	
한식와공조공		인	0.12	0.15	0.16	0.21	
보 통 인 부		인	0.20	0.25	0.27	0.36	
공 구 손 료	인력품의 3%	식	1	1	1	1	

[주] ① 본 품에는 착고이기, 적새이기, 숫마루장이기, 풍잠바르기 품이 포함되어 있다.

② 본 품에는 비빔 및 소운반 품이 포함되어 있다.

③ 부고이기를 하는 경우 아래 품 및 재료량을 가산한다.

(m당)

구분	단위	수량
한 식 와 공	인	0.02

④ 풍잠바르기 재료량은 1m³당 생석회 550kg, 백시멘트 110kg, 모래 0.59m³을 별도 가산한다.

⑤ 생석회피우기(소화)는 100kg당 보통인부 0.13인을 가산한다.

⑥ 9겹 이상일 때에는 2겹당 한식와공, 한식와공조공, 보통인부 품을 각각 25%씩 별도 가산한다.

⑦ 재료량은 다음을 참고하여 적용한다.

(m당)

구분		단위	수량 3겹	5겹	7겹	9겹	부고이기
암키와	중와	매	8.34	13.89	19.44	25.00	–
	대와	매	7.70	12.82	17.95	23.07	–
수키와	중와	매	3.33				6.59
	대와	매	3.03				6
착고기와	중와	매	6.66				–
	대와	매	6.06				–
진흙		m³	0.054		0.059		0.043
생석회		kg	4.68		5.07		3.74
마사토		m³	0.018		0.02		0.014

※ 진흙, 생석회, 마사토의 재료량은 할증이 포함된 것이다.

5-9 담장기와이기

(m당)

구분	규격	단위	수량	비고
암 키 와	소와	매	24.8	
수 키 와	소와	매	12.2	
착 고 기 와	소와	매	7.4	
생 석 회		kg	10.05	
백 시 멘 트		kg	1.02	
모 래		m³	0.009	
진 흙		m³	0.13	
한 식 와 공		인	0.08	
한 식 와 공 조 공		인	0.08	
보 통 인 부		인	0.16	
공 구 손 료	인력품의 3%	식	1	

[주] ① 본 품에는 재료할증이 포함되어 있다.

② 본 품에는 비빔 및 소운반품이 포함되어 있다.

③ 와구토바르기는 "5-16 와구토바르기"에 따른다.

④ 담장기와를 단을 지어 이기할 때에는 인력품을 15% 가산한다.

⑤ 특수한 담장기와이기(궁장 등)는 지붕기와이기에 따르거나 별도 계상한다.

⑥ 담장지붕을 이엉, 억새, 갈대, 솔가지 등으로 이는 경우에는 별도 계상한다.

⑦ 생석회피우기(소화)는 생석회 100kg당 보통인부 0.13인을 가산한다.

5-10 와구토바르기

(100개소당)

구분	규격	단위	수량	비고
생 석 회	소와	kg	16.5	
	중와	kg	27.5	
	대와	kg	49.5	
백 시 멘 트	소와	kg	3.3	
	중와	kg	5.5	
	대와	kg	9.9	
모 래	소와	m³	0.02	
	중와	m³	0.03	
	대와	m³	0.05	
한 식 와 공		인	0.36	
한식와공조공		인	0.22	
보 통 인 부		인	0.23	
공 구 손 료	인력품의 3%	식	1	

[주] ① 본 품에는 비빔 및 소운반품이 포함되어 있다.

② 생석회피우기(소화)는 생석회 100kg당 보통인부 0.13인을 가산한다.

5-11 기와고르기

(㎡당)

구분	규격	단위	수량	비고
생 석 회		kg	2.184	
진 흙		㎥	0.025	
마 사 토		㎥	0.008	
한 식 와 공		인	0.03	
한 식 와 공 조 공		인	0.08	
보 통 인 부		인	0.14	
공 구 손 료	인력품의 3%	식	1	

[주] ① 본 품은 수키와해체, 암키와교체, 수키와이기까지를 기준으로 한 것이다.

② 본 품은 파손된 암키와교체 10%를 기준으로 한 것이며, 그 외의 경우에는 본 품에 준하여 계상한다.

③ 본 품에는 재료할증이 포함되어 있다.

④ 본 품에는 비빔 및 소운반품이 포함되어 있다.

⑤ 생석회피우기(소화)는 생석회 100kg당 보통인부 0.13인을 가산한다.

⑥ 교체하는 기와는 별도 계상한다.

⑦ 마루기와해체 및 이기, 양성해체 및 바르기는 별도 계상한다.

5-12 장식기와설치(용두)

5-12-1 0.06㎥ 초과

(개소당)

구분	규격	단위	수량	비고
한 식 와 공		인	0.08	
한 식 와 공 조 공		인	0.04	
보 통 인 부		인	0.04	
공 구 손 료	인력품의 3%	식	1	

[주] ① 본 품은 보양, 운반, 장식기와설치(용두)까지를 기준으로 한 것이다.
② 본 품에는 소운반품이 포함되어 있다.
③ 장식기와 설치를 위한 비계매기는 별도 계상한다.
④ 잡재료(와정, 동선 등)는 별도 계상한다.

5-12-2 0.06㎥ 이하

(개소당)

구분	규격	단위	수량	비고
한 식 와 공		인	0.03	
한 식 와 공 조 공		인	0.02	
보 통 인 부		인	0.01	
공 구 손 료	인력품의 3%	식	1	

[주] ① 본 품은 보양, 운반, 장식기와설치(용두)까지를 기준으로 한 것이다.
② 본 품에는 소운반품이 포함되어 있다.
③ 장식기와 설치를 위한 비계매기는 별도 계상한다.
④ 잡재료(와정, 동선 등)는 별도 계상한다.

5-13 장식기와해체(용두)

5-13-1 0.06㎥ 이하

(개소당)

구분	규격	단위	수량	비고
한 식 와 공		인	0.09	
한 식 와 공 조 공		인	0.03	
보 통 인 부		인	0.03	
공 구 손 료	인력품의 3%	식	1	

[주] ① 본 품은 장식기와(용두)에 부재번호를 매기고 보양하여 해체한 후 보관장소까지 인력으로 운반하는 것을 기준으로 한 것이다.

② 본 품에는 소운반품이 포함되어 있다.

③ 비계매기는 필요 시 별도 계상한다.

④ 잡재료는 별도 계상한다.

5-13-2 0.06㎥ 초과

(개소당)

구분	규격	단위	수량	비고
한 식 와 공		인	0.12	
한 식 와 공 조 공		인	0.03	
보 통 인 부		인	0.03	
공 구 손 료	인력품의 3%	식	1	

[주] ① 본 품은 장식기와(용두)에 부재번호를 매기고 보양하여 해체한 후 보관장소까지 인력으로 운반하는 것을 기준으로 한 것이다.

② 본 품에는 소운반품이 포함되어 있다.

③ 비계매기는 필요 시 별도 계상한다.

④ 잡재료(와정, 동선 등)는 별도 계상한다.

5-14 장식기와설치(절병통)

5-14-1 항아리

(개소당)

구분	규격	단위	수량	비고
생 석 회		kg	7.8	
진 흙		m³	0.09	
마 사 토		m³	0.03	
한 식 와 공		인	0.28	
한식와공조공		인	0.56	
보 통 인 부		인	0.28	
공 구 손 료	인력품의 3%	식	1	

[주] ① 본 품은 절병통을 보양하여 인력으로 운반 후 암막새와 수막새로 받침대를 설치하고 그 위에 3단 항아리 절병통을 설치하는 것을 기준으로 한 것이다.

② 항아리 절병통은 높이 1,300mm, 지름 600mm를 기준으로 한 것이다.

③ 본 품에는 재료할증이 포함되어 있다.

④ 본 품에는 비빔 및 소운반품이 포함되어 있다.

⑤ 생석회피우기(소화)는 생석회 100kg당 보통인부 0.13인을 가산한다.

⑥ 잡재료는 별도 계상한다.

5-14-2 석재(화강석)

(개소당)

구분	규격	단위	수량	비고
생 석 회		kg	7.8	
진 흙		㎥	0.09	
마 사 토		㎥	0.03	
한 식 와 공		인	0.41	
한 식 와 공 조 공		인	0.82	
보 통 인 부		인	0.41	
공 구 손 료	인력품의 3%	식	1	

[주] ① 본 품은 절병통을 보양하여 인력으로 운반 후 암막새와 수막새로 받침대를 설치하고 그 위에 일체형 석재 절병통을 설치하는 것을 기준으로 한 것이다.

② 석재 절병통은 높이 1,300㎜, 지름 600㎜를 기준으로 한 것이다.

③ 본 품에는 재료할증이 포함되어 있다.

④ 본 품에는 비빔 및 소운반품이 포함되어 있다.

⑤ 생석회피우기(소화)는 생석회 100kg당 보통인부 0.13인을 가산한다.

⑥ 잡재료는 별도 계상한다.

5-15 초가알매흙치기

(㎥당)

구분	규격	단위	수량	비고
생 석 회		kg	78	
진 흙		㎥	1.2	
짚 여 물	1단 0.8kg	kg	2.4	
보 통 인 부		인	1.63	
공 구 손 료	인력품의 3%	식	1	

[주] ① 본 품에는 재료할증이 포함되어 있다.
② 본 품에는 비빔 및 소운반품이 포함되어 있다.
③ 생석회피우기(소화)는 생석회 100kg당 보통인부 0.13인을 가산한다.

5-16 초가지붕처마기스락설치

(㎡당)

구분	규격	단위	수량	비고
죽 재		m	4.2	
새 끼	1타 65m	m	4.55	
특 별 인 부		인	0.1	
보 통 인 부		인	0.03	
공 구 손 료	인력품의 2%	식	1	

[주] ① 본 품은 초가지붕의 처마부에 기스락을 설치할 때를 기준으로 한 것이다.
② 본 품에는 소운반품이 포함되어 있다.
③ 본 품의 재료는 죽재, 통대나무, 대마나무 등을 사용하여 작업한 것이며, 현장여건에 따라 다른 재료로 대체할 수 있다.
④ 기스락 재료는 길이 1~1.5m 정도이며, 서까래 끝에서 약 15㎝ 내외로 내밀어 설치한다.
⑤ 통대나무는 약 30~45㎝ 간격으로 서까래 방향으로 설치한다.

5-17 이엉엮기

(m당)

구분	규격	단위	수량	비고
볏 단	1단 0.8kg	kg	3.2	
특 별 인 부		인	0.02	
공 구 손 료	인력품의 2%	식	1	

[주] ① 본 품은 볏짚을 사용할 때의 품이며, 억새, 갈대를 사용할 경우에는 별도 계상한다.
② 볏짚길이는 1m를 기준으로 한 것이다.

5-18 이엉이기

(m^2당)

구분	규격	단위	수량	비고
특 별 인 부		인	0.12	
공 구 손 료	인력품의 2%	식	1	

[주] ① 본 품은 3겹이기 1단을 기준으로 한 것이며, 새끼로 이엉을 고정하는 품이 포함되어 있다.
② 본 품에는 소운반품이 포함되어 있다.
③ 군새는 필요 시 별도 계상한다.
④ 초가의 약품 처리가 필요한 경우에는 별도 계상한다.
⑤ 신축 시는 이엉의 단수를 조정하여 산출한다.

5-19 용마름엮기

(m당)

구분	규격	단위	수량	비고
볏 단	1단 0.8kg	kg	9.6	
새 끼	1타 65m	m	1.3	
특 별 인 부		인	0.06	
공 구 손 료	인력품의 2%	식	1	

[주] 본 품은 볏짚을 사용할 때의 품이며, 억새, 갈대를 사용할 경우에는 별도 계상한다.

5-20 용마름이기

(m당)

구분	규격	단위	수량	비고
특 별 인 부		인	0.02	
공 구 손 료	인력품의 2%	식	1	

[주] 용마름엮기는 "5-19 용마름엮기"에 따른다.

5-21 고사새끼엮기

(m²당)

구분	규격	단위	수량	비고
새 끼	1타 65m	m	1.3	
특 별 인 부		인	0.02	
공 구 손 료	인력품의 2%	식	1	

5-22 연죽설치

(m당)

구분	규격	단위	수량	비고
대 나 무		m	1.18	
특 별 인 부		인	0.01	
공 구 손 료	인력품의 3%	식	1	

[주] ① 본 품은 연죽자르기, 연죽설치까지를 기준으로 한 것이다.
② 연죽의 겹침길이는 600㎜를 기준으로 한다.
③ 본 품에는 소운반품이 포함되어 있다.
④ 본 품의 재료는 죽재를 사용하여 작업한 것이며 설계도서에 따라 다른 재료로 대체할 수 있다.

5-23 초가지붕해체

(㎡당)

구분	규격	단위	수량	비고
특 별 인 부		인	0.03	
공 구 손 료	인력품의 3%	식	1	

[주] ① 본 품은 초가지붕해체 중 고사새끼해체, 용마름·처마마름해체, 이엉해체까지를 기준으로 한 것이다.
② 본 품에는 소운반품이 포함되어 있다.
③ 잡재료는 별도 계상한다.

5-24 회첨골이기

(㎡당)

구분	규격	단위	수량	비고
생 석 회		kg	7.8	
진 흙		㎥	0.09	
마 사 토		㎥	0.03	
한 식 와 공		인	0.18	
한 식 와 공 조 공		인	0.26	
보 통 인 부		인	0.35	
공 구 손 료	인력품의 3%	식	1	

[주] ① 본 품은 회첨골이기(기준실치기, 알매흙채우기, 암키와이기, 홍두깨흙채우기, 수키와이기), 청소까지를 기준으로 한 것이다.
② 본 품에는 연암 치목 및 설치품이 포함되어 있다.
③ 본 품에는 재료할증이 포함되어 있다.
④ 본 품에는 비빔 및 소운반품이 포함되어 있다.
⑤ 생석회피우기(소화)는 100kg당 보통인부 0.13인을 가산한다.
⑥ 연암 및 기와는 별도 계상한다.
⑦ 잡재료(와정, 동선 등)는 별도 계상한다.
⑧ 방수에 필요한 동판 등을 설치할 경우 재료 및 품은 별도 계상한다.

5-25 착고기와따기

(10매당)

구분	규격	단위	수량	비고
한 식 와 공		인	0.03	
공 구 손 료	인력품의 3%	식	1	

[주] ① 본 품은 착고기와따기를 기준으로 한 것이다.

② 본 품에는 소운반품이 포함되어 있다.

③ 기와는 별도 계상한다.

5-26 초가군새해체

(㎡당)

구분	규격	단위	수량	비고
특 별 인 부		인	0.01	
공 구 손 료	인력품의 3%	식	1	

[주] ① 본 품은 초가군새 해체 및 해체제 정리를 기준으로 한 것이다.

② 본 품에는 소운반품이 포함되어 있다.

③ 잡재료는 별도 계상한다.

5-27 초가군새설치

(㎡당)

구분	규격	단위	수량	비고
특 별 인 부		인	0.01	
공 구 손 료	인력품의 2%	식	1	

[주] ① 본 품은 볏짚을 사용할 때의 품이다.

② 본 품에는 소운반품이 포함되어 있다.

5-28 담장기와해체

(㎡당)

구분	규격	단위	수량	비고
한 식 와 공		인	0.05	
한 식 와 공 조 공		인	0.05	
보 통 인 부		인	0.09	
공 구 손 료	인력품의 3%	식	1	

[주] ① 본 품은 해체재를 재사용할 때를 기준으로 한다.

② 본 품에는 소운반품이 포함되어 있다.

③ 잡재료는 별도 계상한다.

5-29 진새치기

(㎡당)

구분	규격	단위	수량	비고
한 식 미 장 공		인	0.01	
한식미장공조공		인	0.02	
보 통 인 부		인	0.03	
공 구 손 료	인력품의 3%	식	1	

[주] ① 본 품은 산자를 엮은 상태에서 진새흙 비빔, 운반 및 진새치기할 때를 기준으로 한 것이다

② 진새흙의 두께는 50mm 내외를 기준으로 한 것이다.

③ 본 품에는 소운반품이 포함되어 있다.

④ 재료는 별도 계상한다.

제6장

전돌공사

2023 문화재수리 표준품셈

제6장 전돌공사

6-0 적용기준

1. 전돌벽 높이가 3.6m 이상~6.0m 이하일 경우에는 인력품을 20% 가산하고, 6.0m를 초과하는 경우에는 30% 가산한다.

2. 생석회피우기(소화)는 생석회 100kg당 보통인부 0.13인을 가산한다.

3. 비계매기는 필요 시 별도 계상한다.

4. 소규모 공사
   ① 전돌공사 쌓기 수량이 한면 10㎡ 이하일 경우에는 인력품을 50% 가산한다.

   ② 전돌공사 깔기 수량이 25㎡ 이하일 경우에는 인력품을 50% 가산한다.

   ③ 단, 제1장 적용기준의 소단위공사와 둘 중 하나만을 적용한다.

5. 편수산정기준은 다음과 같다.
   ① 전돌벽해체 : 50㎡당 1인

   ② 전돌벽쌓기 : 10㎡당 1인

   ③ 전돌깔기 : 25㎡당 1인

6. 수량산출기준은 다음과 같다.

항목	단위	산출식	비고
전돌벽해체	한면㎡	벽체면적	
전돌벽쌓기			
줄눈바름			
다듬기 (이물질제거)	100매	다듬기 수량	
전돌깔기	㎡	바닥면적	
문양쌓기	한면㎡	문양면적	

6-1 전돌벽해체

(한면㎡당)

구분	규격	단위	수량	비고
한식미장공		인	0.07	
보통인부		인	0.04	
공구손료	인력품의 2%	식	1	

[주] ① 본 품은 해체재를 재사용할 때를 기준으로 한 것이다.

② 해체재를 재사용하기 위하여 다듬기(이물질제거)를 하는 경우에는 "6-2 다듬기(이물질제거)"에 따른다.

③ 잡재료는 별도 계상한다.

6-2 다듬기(이물질제거)

(100매당)

구분	규격	단위	수량	비고
한 식 미 장 공		인	0.29	
보 통 인 부		인	0.22	
공 구 손 료	인력품의 2%	식	1	

[주] 본 품은 재사용을 목적으로 해체된 전돌의 이물질(모르타르 등)을 제거할 때의 품이다.

6-3 전돌벽쌓기

6-3-1 건식 190㎜×90㎜×57㎜

(한면㎡당)

구분	규격	단위	수량	비고
전 돌	190㎜×90㎜×57㎜	매	95.11	
생 석 회		kg	0.55	
백 시 멘 트		kg	0.23	
모 래		㎥	0.002	
한 식 미 장 공		인	0.26	
한식미장공조공		인	0.16	
보 통 인 부		인	0.11	
공 구 손 료	인력품의 3%	식	1	

[주] ① 본 품에는 소운반품이 포함되어 있다.

② 본 품에는 재료할증이 포함되어 있다.

③ 벽체두께는 0.5B쌓기를 기준으로 한 것이다.

④ 뒤채움은 별도 계상한다.

⑤ 생석회 피우기(소화)는 생석회 100kg당 보통인부 0.13인을 가산한다.

6-3-2 습식 190㎜×90㎜×57㎜

(한면㎡당)

구분	규격	단위	수량	비고
전 돌	190㎜×90㎜×57㎜	매	76.87	
생 석 회		kg	5.51	
백 시 멘 트		kg	2.3	
모 래		㎥	0.02	
한 식 미 장 공		인	0.15	
한식미장공조공		인	0.08	
보 통 인 부		인	0.07	
공 구 손 료	인력품의 3%	식	1	

[주] ① 줄눈나비는 10㎜를 기준으로 한 것이다.

② 벽체두께는 0.5B쌓기를 기준으로 한 것이다.

③ 본 품에는 비빔 및 소운반품이 포함되어 있다.

④ 본 품에는 재료할증이 포함되어 있다.

⑤ 뒤채움은 별도 계상한다.

⑥ 생석회 피우기(소화)는 생석회 100kg당 보통인부 0.13인을 가산한다.

6-3-3 습식 230㎜×110㎜×60㎜

(한면㎡당)

구분	규격	단위	수량	비고
전 돌	230㎜×110㎜×60㎜	매	61.31	
생 석 회		kg	5.51	
백 시 멘 트		kg	2.3	
모 래		㎥	0.02	
한 식 미 장 공		인	0.22	
한식미장공조공		인	0.12	
보 통 인 부		인	0.08	
공 구 손 료	인력품의 3%	식	1	

[주] ① 줄눈나비는 10㎜를 기준으로 한 것이다.

② 벽체두께는 0.5B쌓기를 기준으로 한 것이다.

③ 본 품에는 비빔 및 소운반품이 포함되어 있다.

④ 본 품에는 재료할증이 포함되어 있다.

⑤ 뒤채움은 별도 계상한다.

⑥ 생석회 피우기(소화)는 생석회 100kg당 보통인부 0.13인을 가산한다.

6-3-4 습식 250㎜×90㎜×41㎜

(한면㎡당)

구분	규격	단위	수량	비고
전 돌	250㎜×90㎜×41㎜	매	77.68	
생 석 회		kg	5.51	
백 시 멘 트		kg	2.3	
모 래		㎥	0.02	
한 식 미 장 공		인	0.31	
한식미장공조공		인	0.18	
보 통 인 부		인	0.12	
공 구 손 료	인력품의 3%	식	1	

[주] ① 줄눈나비는 10㎜를 기준으로 한 것이다.

② 벽체두께는 0.5B쌓기를 기준으로 한 것이다.

③ 본 품에는 비빔 및 소운반품이 포함되어 있다.

④ 본 품에는 재료할증이 포함되어 있다.

⑤ 뒤채움은 별도 계상한다.

⑥ 생석회 피우기(소화)는 생석회 100kg당 보통인부 0.13인을 가산한다.

6-4 문양쌓기

6-4-1 단순

(㎡당)

구분	규격	단위	수량	비고
전 벽 돌	300mm×150mm×45mm	매	55.17	
생 석 회		kg	5.675	쌓기용
백 시 멘 트		kg	2.37	
모 래		㎥	0.021	
한 식 미 장 공		인	1.02	
한식미장공조공		인	0.51	
보 통 인 부		인	0.51	
공 구 손 료	인력품의 3%	식	1	

[주] ① 본 품은 규격 880mm×940mm 만(卍)자문양, 790mm×940mm 장(張)자문양, 600mm×780mm 부(富)자문양을 기준으로 한 것이다.

② 벽체두께는 0.5B 쌓기를 기준으로 한 것이다

③ 본 품에는 전돌을 가공하는 품이 포함되어 있다.

④ 본 품에는 재료할증이 포함되어 있다.

⑤ 본 품에는 비빔 및 소운반품이 포함되어 있다.

⑥ 생석회피우기(소화)는 생석회 100kg당 보통인부 0.13인을 가산한다.

⑦ 줄눈바름품은 별도 계상하되, "6-6 줄눈바름/6-6-1 전돌벽"에 따른다.

⑧ 비계매기는 필요 시 별도 계상한다.

6-4-2 복잡

(㎡당)

구분	규격	단위	수량	비고
전 벽 돌	300㎜×300㎜×50㎜	매	55.17	
생 석 회		kg	5.675	쌓기용
백 시 멘 트		kg	2.37	
모 래		㎥	0.021	
한 식 미 장 공		인	1.39	
한식미장공조공		인	0.7	
보 통 인 부		인	0.7	
공 구 손 료	인력품의 3%	식	1	

[주] ① 본 품은 규격 1,460㎜×470㎜ 바구니문양, 840㎜×820㎜ 팔괘문양, 870㎜×1,020㎜ 팔괘문양을 기준으로 한 것이다.

② 벽체두께는 0.5B 쌓기를 기준으로 한 것이다

③ 본 품에는 전벽돌을 가공하는 품이 포함되어 있다.

④ 본 품에는 재료할증이 포함되어 있다.

⑤ 본 품에는 비빔 및 소운반품이 포함되어 있다.

⑥ 생석회피우기(소화)는 생석회 100kg당 보통인부 0.13인을 가산한다.

⑦ 줄눈바름품은 별도 계상하되, "6-6 줄눈바름/6-6-1 전돌벽"에 따른다.

⑧ 비계매기는 필요 시 별도 계상한다.

6-5 전돌깔기

6-5-1 건식 240㎜×240㎜×50㎜

(㎡당)

구분	규격	단위	수량	비고
전 돌	240㎜×240㎜×50㎜	매	17.89	
모 래	두께 30㎜	㎥	0.033	
한 식 미 장 공		인	0.07	
한식미장공조공		인	0.07	
보 통 인 부		인	0.03	
공 구 손 료	인력품의 3%	식	1	

[주] ① 본 품에는 초석, 기단 등에 접하는 부분의 전돌을 다듬는 품이 포함되어 있다.
　　② 본 품에는 소운반품이 포함되어 있다.
　　③ 본 품에는 재료할증이 포함되어 있다.

6-5-2 건식 300㎜×300㎜×50㎜

(㎡당)

구분	규격	단위	수량	비고
전 돌	300㎜×300㎜×50㎜	매	11.45	
모 래	두께 30㎜	㎥	0.033	
한 식 미 장 공		인	0.06	
한식미장공조공		인	0.04	
보 통 인 부		인	0.04	
공 구 손 료	인력품의 3%	식	1	

[주] ① 본 품에는 초석, 기단 등에 접하는 부분의 전돌을 다듬는 품이 포함되어 있다.
　　② 본 품에는 소운반품이 포함되어 있다.
　　③ 본 품에는 재료할증이 포함되어 있다.

6-5-3 습식 225㎜×225㎜×45㎜

(㎡당)

구분	규격	단위	수량	비고
전 돌	225㎜×225㎜×45㎜	매	18.66	
생 석 회		kg	17.48	
모 래		㎥	0.033	
한 식 미 장 공		인	0.08	
한식미장공조공		인	0.09	
보 통 인 부		인	0.07	
공 구 손 료	인력품의 3%	식	1	

[주] ① 줄눈나비는 10㎜를 기준으로 한 것이다.

② 본 품에는 초석, 기단 등에 접하는 부분의 전돌을 다듬는 품이 포함되어 있다.

③ 본 품에는 비빔 및 소운반품이 포함되어 있다.

④ 본 품에는 재료할증이 포함되어 있다.

⑤ 생석회 피우기(소화)는 생석회 100kg당 보통인부 0.13인을 가산한다.

6-5-4 습식 240㎜×240㎜×50㎜

(㎡당)

구분	규격	단위	수량	비고
전 돌	240㎜×240㎜×50㎜	매	16.48	
생 석 회		kg	17.48	
모 래		㎥	0.033	
한 식 미 장 공		인	0.13	
한식미장공조공		인	0.05	
보 통 인 부		인	0.02	
공 구 손 료	인력품의 3%	식	1	

[주] ① 줄눈나비는 10㎜를 기준으로 한 것이다.

② 본 품에는 초석, 기단 등에 접하는 부분의 전돌을 다듬는 품이 포함되어 있다.

③ 본 품에는 비빔 및 소운반품이 포함되어 있다.

④ 본 품에는 재료할증이 포함되어 있다.

⑤ 생석회 피우기(소화)는 생석회 100kg당 보통인부 0.13인을 가산한다.

6-5-5 습식 240㎜×240㎜×50㎜-'×'깔기

(㎡당)

구분	규격	단위	수량	비고
전 돌	240㎜×240㎜×50㎜	매	16.48	
생 석 회		kg	17.48	
모 래		㎥	0.033	
한 식 미 장 공		인	0.30	
한식미장공조공		인	0.13	
보 통 인 부		인	0.03	
공 구 손 료	인력품의 3%	식	1	

[주] ① 줄눈나비는 10㎜를 기준으로 한 것이다.

② 본 품에는 초석, 기단 등에 접하는 부분의 전돌을 다듬는 품이 포함되어 있다.

③ 본 품에는 비빔 및 소운반품이 포함되어 있다.

④ 본 품에는 재료할증이 포함되어 있다.

⑤ 생석회 피우기(소화)는 생석회 100kg당 보통인부 0.13인을 가산한다.

6-5-6 습식 300㎜×300㎜×50㎜

(㎡당)

구분	규격	단위	수량	비고
전 돌	300㎜×300㎜×50㎜	매	10.72	
생 석 회		kg	17.48	
모 래		㎥	0.033	
한 식 미 장 공		인	0.14	
한식미장공조공		인	0.10	
보 통 인 부		인	0.02	
공 구 손 료	인력품의 3%	식	1	

[주] ① 줄눈나비는 10㎜를 기준으로 한 것이다.

② 본 품에는 초석, 기단 등에 접하는 부분의 전돌을 다듬는 품이 포함되어 있다.

③ 본 품에는 비빔 및 소운반품이 포함되어 있다.

④ 본 품에는 재료할증이 포함되어 있다.

⑤ 생석회 피우기(소화)는 생석회 100kg당 보통인부 0.13인을 가산한다.

6-6 줄눈바름

6-6-1 전돌벽

(한면㎡당)

구분	규격	단위	수량	비고
생 석 회		kg	3.85	
백 시 멘 트		kg	0.77	
모 래		㎥	0.005	
한 식 미 장 공		인	0.12	
한식미장공조공		인	0.13	
보 통 인 부		인	0.09	
공 구 손 료	인력품의 2%	식	1	

[주] ① 본 품은 전돌벽(한면)에 줄눈바름할 때를 기준으로 한 것이다.

② 바름두께는 10~30㎜를 기준으로 한 것이다.

③ 나비는 20~30㎜를 기준으로 한 것이다.

④ 본 품에는 비빔 및 소운반품이 포함되어 있다.

⑤ 생석회 피우기(소화)는 생석회 100kg당 보통인부 0.13인을 가산한다.

6-6-2 사괴석벽

(한면㎡당)

구분	규격	단위	수량	비고
생 석 회		kg	2.20	
백 시 멘 트		kg	0.44	
모 래		㎥	0.003	
한 식 미 장 공		인	0.14	
한식미장공조공		인	0.13	
보 통 인 부		인	0.10	
공 구 손 료	인력품의 2%	식	1	

[주] ① 본 품은 사괴석벽(한면)에 줄눈바름할 때를 기준으로 한 것이다.

② 바름두께는 10~30㎜를 기준으로 한 것이다.

③ 나비는 20~30㎜를 기준으로 한 것이다.

④ 본 품에는 비빔 및 소운반품이 포함되어 있다.

⑤ 생석회 피우기(소화)는 생석회 100kg당 보통인부 0.13인을 가산한다.

제 7 장

미장공사

2023 문화재수리 표준품셈

제7장 미장공사

7-0 적용기준

1. 지면으로부터 3.6m 이상~6.0m 이하일 경우에는 인력품을 20% 가산하고, 6.0m를 초과할 경우에는 매 3.0m마다 각각 10%씩 가산한다.

2. 생석회 피우기(소화)는 생석회 100kg당 보통인부 0.13인을 가산한다.

3. 비계매기는 필요 시 별도 계상한다.

4. 소규모 공사
   미장공사 수량이 벽면적 20㎡(한면 40㎡) 이하일 경우에는 인력품을 50% 가산한다. 단, 제1장 적용기준의 소단위공사와 둘 중 하나만을 적용한다.

5. 편수산정기준은 다음과 같다.
   ① 벽체해체 : 벽면적 40㎡(한면 80㎡)당 1인
   ② 벽바르기(외엮기, 초벌, 재벌, 정벌 포함): 벽면적 10㎡(한면 20㎡)당 1인
   ③ 앙토, 당골 벽바르기 : 15㎡당 1인

6. 수량산출기준은 다음과 같다.

구분	단위	산출식	비고
회벽긁어내기	한면㎡	면적	
벽　　　체	한면㎡	면적	
외　엮　기	㎡	면적	
앙 토 바 르 기	㎡	지붕면적의 75%	
당 골 바 르 기	㎡	당골벽면적×2면의 75%	
포　　　벽	한면㎡	면적	
고 막 이 쌓 기	㎥	면적×두께	
고 막 이 해 체	㎥	면적×두께	
양 성 바 르 기	한면㎡	면적	
합 각 벽 쌓 기	㎡	면적	
생 석 회 피 우 기	100 kg	무게	

[주] 앙토의 지붕면적은 서까래끝을 기준으로 한다.

7-1 벽체해체

(한면㎡당)

구분	규격	단위	수량	비고
한 식 미 장 공		인	0.04	
한식미장공조공		인	0.02	
보 통 인 부		인	0.02	
공 구 손 료	인력품의 3%	식	1	

[주] ① 본 품은 정벌, 재벌, 초벌바르기 및 외엮기해체와 해체재정리를 기준으로 한 것이다.

② 본 품에는 소운반품이 포함되어 있다.

③ 비계매기는 필요 시 "2-5 강관비계매기(미장·단청공사용)"에 따른다.

④ 보양에 소요되는 재료 및 품은 "2-7 보양"에 따른다.

⑤ 잡재료는 별도 계상한다.

7-2 회벽긁어내기

(m²당)

구분	규격	단위	수량	비고
한 식 미 장 공		인	0.02	
보 통 인 부		인	0.01	
공 구 손 료	인력품의 2%	식	1	

[주] ① 본 품은 회벽의 정벌바름면을 긁어낼 때를 기준으로 한 것이다.
　　② 본 품에는 소운반품이 포함되어 있다.
　　③ 잡재료는 별도 계상한다.
　　④ 비계매기는 필요 시 "2-5 강관비계매기(미장·단청공사용)"에 따른다.
　　⑤ 보양에 소요되는 재료 및 품은 "2-7 보양"에 따른다.

7-3 생석회모르타르(1:1)

(m³당)

구분	규격	단위	수량	비고
생 석 회		kg	910	
백 시 멘 트		kg	180	
모 래		m³	0.78	
한식미장공조공		인	0.53	
보 통 인 부		인	0.53	
공 구 손 료	인력품의 2%	식	1	

[주] ① 본 품은 치장용 생석회모르타르 등을 인력으로 비빔할 때를 기준으로 한 것이다.
　　② 본 품에는 재료할증 및 비빔품이 포함되어 있다.
　　③ 생석회 피우기(소화)는 생석회 100kg당 보통인부 0.13인을 가산한다.

7-4 생석회모르타르(1:3)

(㎥당)

구분	규격	단위	수량	비고
생　석　회		kg	360	
백　시　멘　트		kg	150	
모　　　래		㎥	1.1	
한식미장공조공		인	0.47	
보　통　인　부		인	0.47	
공　구　손　료	인력품의 2%	식	1	

[주] ① 본 품은 쌓기용 생석회모르타르 등을 인력으로 비빔할 때를 기준으로 한 것이다.
　　② 본 품에는 재료할증 및 비빔품이 포함되어 있다.
　　③ 생석회 피우기(소화)는 생석회 100kg당 보통인부 0.13인을 가산한다.

7-5 외엮기

(㎡당)

구분	규격	단위	수량	비고
중 깃		m	3.30	
가 시 새		m	3.06	
힘 살		m	2.38	
눌 외		m	19.88	
설 외		m	9.51	
새 끼	∅6~9mm	m	18.68	
한 식 미 장 공		인	0.49	
공 구 손 료	인력품의 3%	식	1	

[주] ① 본 품에는 재료할증 및 소운반품이 포함되어 있다.

② 비계매기는 필요 시 "2-5 강관비계매기(미장·단청공사용)"에 따른다.

7-6 초벌바르기(초벽치기)

(한면㎡당)

구분	규격	단위	수량	비고
진 흙		㎥	0.026	
여 물		kg	0.32	
한식미장공		인	0.06	
한식미장공조공		인	0.08	
보통인부		인	0.02	
공구손료	인력품의 3%	식	1	

[주] ① 본 품은 외엮기바탕에 초벽치기 한면을 기준으로 한 것이다. 맞벽치기까지 할 때는 바름면적을 2면으로 계상한다.
② 홑벽치기품은 본 품에 따른다.
③ 바름두께는 초벽치기 45㎜를 기준으로 한 것이다.
④ 본 품에는 재료할증이 포함되어 있다.
⑤ 본 품에는 비빔 및 소운반품이 포함되어 있다.
⑥ 비계매기는 필요 시 "2-5 강관비계매기(미장·단청공사용)"에 따른다.
⑦ 보양에 소요되는 재료 및 품은 "2-7 보양"에 따른다.

7-7 재벌바르기(고름질 포함)

(한면㎡당)

구분	규격	단위	수량	비고
진 흙		㎥	0.012	
모 래		㎥	0.003	
여 물		kg	0.034	
한 식 미 장 공		인	0.06	
한식미장공조공		인	0.04	
보 통 인 부		인	0.03	
공 구 손 료	인력품의 3%	식	1	

[주] ① 본 품은 재벌바르기 할 때를 기준으로 한 것이며, 고름질이 포함되어 있다.
② 바름두께는 8mm를 기준으로 한 것이다.
③ 본 품에는 재료할증이 포함되어 있다.
④ 본 품에는 비빔 및 소운반품이 포함되어 있다.
⑤ 바름폭이 300mm 이하일 때는 인력품을 30%까지 가산한다.
⑥ 비계매기는 필요 시 "2-5 강관비계매기(미장·단청공사용)"에 따른다.
⑦ 보양에 소요되는 재료 및 품은 "2-7 보양"에 따른다.

7-8 정벌바르기

7-8-1 회벽바르기

(한면㎡당)

구분	규격	단위	수량	비고
생 석 회		kg	2.25	
여 물		kg	0.075	
풀		kg	0.105	
한 식 미 장 공		인	0.08	
한식미장공조공		인	0.03	
보 통 인 부		인	0.05	
공 구 손 료	인력품의 3%	식	1	

[주] ① 본 품은 회벽정벌바르기 할 때를 기준으로 한 것이다.

② 바름두께는 3mm를 기준으로 한 것이다.

③ 본 품에는 재료할증이 포함되어 있다.

④ 본 품에는 비빔 및 소운반품이 포함되어 있다.

⑤ 생석회 피우기(소화)는 생석회 100kg당 보통인부 0.13인을 가산한다.

⑥ 바름폭이 300mm 이하일 때는 인력품을 30%까지 가산한다.

⑦ 비계매기는 필요 시 "2-5 강관비계매기(미장·단청공사용)"에 따른다.

⑧ 보양에 소요되는 재료 및 품은 "2-7 보양"에 따른다.

7-8-2 재사벽바르기

(한면㎡당)

구분	규격	단위	수량	비고
진 흙		㎥	0.005	
생 석 회		kg	3.375	
모 래		㎥	0.0023	
풀		kg	0.105	
한 식 미 장 공		인	0.10	
한식미장공조공		인	0.03	
보 통 인 부		인	0.04	
공 구 손 료	인력품의 3%	식	1	

[주] ① 본 품은 재사벽정벌바르기 할 때를 기준으로 한 것이다.

② 바름두께는 3㎜를 기준으로 한 것이다.

③ 본 품에는 재료할증이 포함되어 있다.

④ 본 품에는 비빔 및 소운반품이 포함되어 있다.

⑤ 생석회 피우기(소화)는 생석회 100kg당 보통인부 0.13인을 가산한다.

⑥ 바름폭이 300㎜ 이하일 때는 인력품을 30%까지 가산한다.

⑦ 비계매기는 필요 시 "2-5 강관비계매기(미장·단청공사용)"에 따른다.

⑧ 보양에 소요되는 재료 및 품은 "2-7 보양"에 따른다.

7-8-3 회사벽바르기

(한면 ㎡당)

구분	규격	단위	수량	비고
생 석 회		kg	2.25	
모 래		㎥	0.0023	
여 물		kg	0.075	
풀		kg	0.105	
한 식 미 장 공		인	0.07	
한식미장공조공		인	0.05	
보 통 인 부		인	0.05	
공 구 손 료	인력품의 3%	식	1	

[주] ① 본 품은 회사벽정벌바르기할 때를 기준으로 한 것이다.

② 바름두께는 3㎜를 기준으로 한 것이다.

③ 본 품에는 재료할증이 포함되어 있다.

④ 본 품에는 비빔 및 소운반품이 포함되어 있다.

⑤ 생석회피우기(소화)는 생석회 100㎏당 보통인부 0.13인을 가산한다.

⑥ 바름폭이 300㎜ 이하일 때는 인력품을 30%까지 가산한다.

⑦ 비계매기는 필요 시 "2-5 강관비계매기(미장・단청공사용)"에 따른다.

⑧ 보양에 소요되는 재료 및 품은 "2-7 보양"에 따른다.

7-9 앙벽바르기

7-9-1 앙토회벽바르기

(㎡당)

구분	규격	단위	수량	비고
진 흙		㎥	0.01	초벌
여 물		kg	0.14	
진 흙		㎥	0.012	재벌
모 래		㎥	0.003	
여 물		kg	0.034	
생 석 회		kg	2.25	정벌
여 물		kg	0.075	
풀		kg	0.105	
한 식 미 장 공		인	0.16	
한식미장공조공		인	0.16	
보 통 인 부		인	0.07	
공 구 손 료	인력품의 3%	식	1	

[주] ① 본 품은 초벌바르기, 재벌바르기를 한 후 회벽정벌바르기 할 때를 기준으로 한 것이다.

② 바름두께는 초벌 20㎜ 내외, 재벌 8㎜ 내외, 정벌 3㎜ 내외를 기준으로 한 것이다.

③ 본 품에는 재료할증이 포함되어 있다.

④ 본 품에는 비빔 및 소운반품이 포함되어 있다.

⑤ 생석회 피우기(소화)는 생석회 100kg당 보통인부 0.13인을 가산한다.

⑥ 비계매기가 필요 시 "2-5 강관비계매기(미장·단청공사용)"에 따른다.

⑦ 보양에 소요되는 재료 및 품은 "2-7 보양"에 따른다.

7-9-2 앙토재사벽바르기

(m²당)

구분	규격	단위	수량	비고
진 흙		m³	0.01	초벌
여 물		kg	0.14	
진 흙		m³	0.012	재벌
모 래		m³	0.003	
여 물		kg	0.034	
진 흙		m³	0.005	정벌
생 석 회		kg	3.375	
모 래		m³	0.0023	
풀		kg	0.105	
한 식 미 장 공		인	0.16	
한식미장공조공		인	0.11	
보 통 인 부		인	0.10	
공 구 손 료	인력품의 3%	식	1	

[주] ① 본 품은 초벌바르기, 재벌바르기를 한 후 재사벽정벌바르기 할 때를 기준으로 한 것이다.

② 바름두께는 초벌 20mm 내외, 재벌 8mm 내외, 정벌 3mm 내외를 기준으로 한 것이다.

③ 본 품에는 재료할증이 포함되어 있다.

④ 본 품에는 비빔 및 소운반품이 포함되어 있다.

⑤ 생석회 피우기(소화)는 생석회 100kg당 보통인부 0.13인을 가산한다.

⑥ 비계매기가 필요 시 "2-5 강관비계매기(미장·단청공사용)"에 따른다.

⑦ 보양에 소요되는 재료 및 품은 "2-7 보양"에 따른다.

7-10 양성바르기

(m²당)

구분	규격	단위	수량	비고
진 흙		m³	0.02	초벌
여 물		kg	0.5	
진 흙		m³	0.015	
모 래		m³	0.004	재벌
여 물		kg	0.043	
생 석 회		kg	15	
모 래		m³	0.01	정벌
풀		kg	0.2	
한 식 미 장 공		인	0.25	
한식미장공조공		인	0.2	
보 통 인 부		인	0.13	
공 구 손 료	인력품의 3%	식	1	

[주] ① 본 품은 한식기와지붕의 마루기와(용마루, 추녀마루, 내림마루)를 진흙으로 초벌바르기, 재벌바르기를 한 후 회벽정벌바르기 할 때를 기준으로 한 것이다.

② 바름두께는 초벌 10mm 내외, 재벌 5mm 내외, 정벌 3mm 내외를 기준으로 한 것이며, 바름두께가 기준 이상일 경우에는 비빔품을 별도 가산한다.

③ 본 품에는 재료할증이 포함되어 있다.

④ 본 품에는 비빔 및 소운반품이 포함되어 있다.

⑤ 생석회 피우기(소화)는 생석회 100kg당 보통인부 0.13인을 가산한다.

⑥ 처마높이 3.6m 이상~6.0m 이하일 경우에는 인력품을 15% 가산하고, 6.0m를 초과할 경우에는 매 3.0m마다 각각 10%씩 가산한다.

⑦ 지붕구배가 30° 이상일 때는 인력품을 30% 가산한다.

⑧ 비계매기는 필요 시 별도 계상한다.

7-11 합각벽쌓기

(m²당)

구분	규격	단위	수량	비고
전 벽 돌	190mm×90mm×57mm	매	85.83	
생 석 회		kg	5.575	
백 시 멘 트		kg	2.37	
모 래		m³	0.021	
생 석 회		kg	11.814	
백 시 멘 트		kg	2.41	줄눈
모 래		m³	0.011	
한 식 미 장 공		인	0.56	
한식미장공조공		인	0.28	
보 통 인 부		인	0.28	
공 구 손 료	인력품의 3%	식	1	

[주] ① 본 품은 전벽돌로 합각벽쌓기할 때를 기준으로 한 것이다.

② 벽체두께는 0.5B 쌓기를 기준으로 한 것이다.

③ 본 품에는 전벽돌을 가공하는 품이 포함되어 있다.

④ 본 품에는 줄눈바름이 포함되어 있으며, 줄눈나비는 10mm를 기준으로 한 것이다.

⑤ 본 품에는 재료할증이 포함되어 있다.

⑥ 본 품에는 비빔 및 소운반품이 포함되어 있다.

⑦ 생석회 피우기(소화)는 생석회 100kg당 보통인부 0.13인을 가산한다.

⑧ 처마높이 3.6m 이상~6.0m 이하일 경우에는 인력품을 15% 가산하고, 6.0m를 초과할 경우에는 매 3.0m마다 각각 10%씩 가산한다.

⑨ 지붕구배가 30° 이상일 때는 인력품을 30% 가산한다.

⑩ 비계매기는 필요 시 별도 계상한다.

⑪ 합각벽에 문양이 있는 경우 문양쌓기품은 "6-4 문양쌓기"에 따른다.

⑫ 와편으로 합각벽쌓기할 때는 본 품의 60%를 적용한다.

7-12 고막이쌓기

(m³당)

구분	규격	단위	수량	비고
잡 석		m³	0.62	
진 흙		m³	0.71	
한 식 미 장 공		인	0.91	
한식미장공조공		인	1.72	
공 구 손 료	인력품의 3%	식	1	

[주] ① 본 품에는 비빔 및 소운반품이 포함되어 있다.

② 정벌바르기는 "7-8 정벌바르기"에 따른다.

7-13 앙벽해체

(m²당)

구분	규격	단위	수량	비고
한 식 미 장 공		인	0.04	
한식미장공조공		인	0.02	
보 통 인 부		인	0.02	
공 구 손 료	인력품의 3%	식	1	

[주] ① 본 품은 정벌, 재벌, 초벌바르기 해체와 해체재 정리를 기준으로 한 것이다.

② 본 품에는 소운반품이 포함되어 있다.

③ 비계매기가 필요 시 "2-5 강관비계매기(미장·단청공사용)"에 따른다.

④ 보양 재료 및 품은 "2-7 보양"에 따른다.

⑤ 잡재료는 별도 계상한다.

7-14 당골벽해체

(㎡당)

구분	규격	단위	수량	비고
한 식 미 장 공		인	0.22	
한식미장공조공		인	0.09	
보 통 인 부		인	0.13	
공 구 손 료	인력품의 3%	식	1	

[주] ① 본 품은 정벌, 재벌, 초벌바르기 해체와 해체재 정리를 기준으로 한 것이다.

② 본 품에는 소운반품이 포함되어 있다.

③ 비계매기가 필요 시 "2-5 강관비계매기(미장·단청공사용)"에 따른다.

④ 보양 재료 및 품은 "2-7 보양"에 따른다.

⑤ 잡재료는 별도 계상한다.

7-15 당골벽바르기

7-15-1 당골회벽바르기

(㎡당)

구분	규격	단위	수량	비고
진 흙		㎥	0.01	초벌
여 물		kg	0.14	
진 흙		㎥	0.012	재벌
모 래		㎥	0.003	
여 물		kg	0.034	
생 석 회		kg	2.25	정벌
여 물		kg	0.075	
풀		kg	0.105	
한 식 미 장 공		인	0.47	
한식미장공조공		인	0.47	
보 통 인 부		인	0.19	
공 구 손 료	인력품의 3%	식	1	

[주] ① 본 품은 외엮기, 초벌바르기, 재벌바르기를 한 후 회벽정벌바르기 할 때를 기준으로 한 것이다.

② 바름두께는 초벌 20㎜ 내외, 재벌 8㎜ 내외, 정벌 3㎜ 내외를 기준으로 한 것이다.

③ 본 품에는 재료할증이 포함되어 있다.

④ 본 품에는 비빔 및 소운반품이 포함되어 있다.

⑤ 생석회 피우기(소화)를 할 경우 생석회 100kg당 보통인부 0.13인을 가산한다.

⑥ 비계매기가 필요 시 "2-5 강관비계매기(미장·단청공사용)"에 따른다.

⑦ 보양에 소요되는 재료 및 품은 "2-7 보양"에 따른다.

7-15-2 당골재사벽바르기

(m²당)

구분	규격	단위	수량	비고
진 흙		m³	0.01	초벌
여 물		kg	0.14	
진 흙		m³	0.012	재벌
모 래		m³	0.003	
여 물		kg	0.034	
진 흙		m³	0.005	정벌
생 석 회		kg	3.375	
모 래		m³	0.0023	
풀		kg	0.105	
한 식 미 장 공		인	0.46	
한식미장공조공		인	0.32	
보 통 인 부		인	0.28	
공 구 손 료	인력품의 3%	식	1	

[주] ① 본 품은 초벌바르기, 재벌바르기를 한 후 재사벽정벌바르기 할 때를 기준으로 한 것이다.

② 바름두께는 초벌 20㎜ 내외, 재벌 8㎜ 내외, 정벌 3㎜ 내외를 기준으로 한 것이다.

③ 본 품에는 재료할증이 포함되어 있다.

④ 본 품에는 비빔 및 소운반품이 포함되어 있다.

⑤ 생석회 피우기(소화)를 할 경우 100kg당 보통인부 0.13인을 가산한다.

⑥ 비계매기가 필요 시 "2-5 강관비계매기(미장·단청공사용)"에 따른다.

⑦ 보양에 소요되는 재료 및 품은 "2-7 보양"에 따른다.

7-16 생석회피우기

(100kg당)

구분	규격	단위	수량	비고
보 통 인 부		인	0.13	
공 구 손 료	인력품의 3%	식	1	

[주] ① 본 품은 생석회 100kg 피우기를 기준으로 한 것이다.

② 본 품에는 소운반품이 포함되어 있다.

③ 잡재료는 별도 계상한다.

7-17 고막이해체

(m³당)

구분	규격	단위	수량	비고
한 식 미 장 공		인	0.62	
한식미장공조공		인	0.51	
보 통 인 부		인	0.14	
공 구 손 료	인력품의 3%	식	1	

[주] ① 본 품의 해체는 정벌, 초벌바르기 및 잡석 해체와 해체재 정리를 기준으로 한 것이다.

② 본 품에는 소운반품이 포함되어 있다.

③ 시근담을 해체할 경우에는 1m³당 한식미장공 0.57인, 한식미장공조공 0.47인, 인부 0.13인을 가산한다.

④ 보양에 소요되는 재료 및 품은 "2-7 보양"에 따른다.

⑤ 잡재료는 별도로 계상한다.

7-18 포벽해체

(㎡당)

구분	규격	단위	수량	비고
한 식 미 장 공		인	0.23	
한식미장공조공		인	0.12	
보 통 인 부		인	0.12	
공 구 손 료	인력품의 3%	식	1	

[주] ① 본 품은 정벌바름해체, 재벌바름해체, 초벌바름해체, 외엮기해체 후 해체한 재료 운반 및 정리를 기준으로 한 것이다.

② 본 품에는 소운반품이 포함되어 있다.

③ 비계매기는 필요 시 "2-5 강관비계매기(미장·단청공사용)"에 따른다.

④ 보양에 소요되는 재료 및 품은 "2-7 보양"에 따른다.

⑤ 잡재료는 별도로 계상한다.

7-19 포벽바르기

7-19-1 포회벽바르기

(㎡당)

구분	규격	단위	수량	비고
중 깃		m	1.42	외엮기
가 시 새		m	1.35	
힘 살		m	1.16	
눌 외		m	10.33	
설 외		m	3.08	
새 끼	Ø6~9㎜	m	14.81	
진 흙		㎥	0.032	초벌
여 물		kg	0.384	
진 흙		㎥	0.015	재벌
모 래		㎥	0.004	
여 물		kg	0.041	
생 석 회		kg	2.7	정벌
여 물		kg	0.09	
풀		kg	0.126	
한 식 미 장 공		인	1.13	
한식미장공조공		인	0.86	
보 통 인 부		인	0.31	
공 구 손 료	인력품의 3%	식	1	

[주] ① 본 품은 포벽의 외엮기, 초벌바르기, 재벌바르기, 회벽정벌바르기 할 때를 기준으로 한 것이다.

② 바름두께는 초벌 90㎜ 내외, 재벌 8㎜ 내외, 정벌 3㎜ 내외를 기준으로 한 것이다.

③ 본 품에는 재료할증이 포함되어 있다.

④ 본 품에는 비빔 및 소운반 품이 포함되어 있다.

⑤ 생석회 피우기(소화)를 할 경우 생석회 100kg당 보통인부 0.13인을 가산한다.

⑥ 비계매기는 필요 시 "2-5 강관비계매기(미장·단청공사용)"에 따른다.

⑦ 보양에 소요되는 재료 및 품은 "2-7 보양"에 따른다.

7-19-2 포재사벽바르기

(㎡당)

구분	규격	단위	수량	비고
중깃		m	1.42	외엮기
가시새		m	1.35	
힘살		m	1.16	
눌외		m	10.33	
설외		m	3.08	
새끼	Ø6~9㎜	m	14.81	
진흙		㎥	0.032	초벌
여물		kg	0.384	
진흙		㎥	0.015	재벌
모래		㎥	0.004	
여물		kg	0.041	
진흙		㎥	0.006	정벌
생석회		kg	4.05	
여물		kg	0.003	
풀		kg	0.126	
한식미장공		인	1.03	
한식미장공조공		인	0.96	
보통인부		인	0.31	
공구손료	인력품의 3%	식	1	

[주] ① 본 품은 포벽의 외엮기, 초벌바르기, 재벌바르기, 재사벽정벌바르기 할 때를 기준으로 한 것이다.

② 바름두께는 초벌 90㎜ 내외, 재벌 8㎜ 내외, 정벌 3㎜ 내외를 기준으로 한 것이다.

③ 본 품에는 재료할증이 포함되어 있다.

④ 본 품에는 비빔 및 소운반 품이 포함되어 있다.

⑤ 생석회 피우기(소화)를 할 경우 생석회 100kg당 보통인부 0.13인을 가산한다.

⑥ 비계매기는 필요 시 "2-5 강관비계매기(미장·단청공사용)"에 따른다.

⑦ 보양에 소요되는 재료 및 품은 "2-7 보양"에 따른다.

7-20 화방벽해체

7-20-1 토석화방벽해체

(㎡당)

구분	규격	단위	수량	비고
한 식 미 장 공		인	0.09	
한식미장공조공		인	0.05	
보 통 인 부		인	0.06	
공 구 손 료	인력품의 3%	식	1	

[주] ① 본 품은 인력으로 토석화방벽을 해체할 때를 기준으로 한 것이다.

② 본 품은 해체재를 재사용할 때를 기준으로 한 것이다.

③ 본 품은 해체조사, 회마감 해체, 면석 및 뒤채움 해체, 운반·정리까지를 기준으로 한 것이다.

④ 본 품에는 소운반품이 포함되어 있다.

⑤ 잡재료는 별도 계상한다.

7-20-2 사괴석화방벽해체

(㎡당)

구분	규격	단위	수량	비고
한 식 석 공		인	0.07	
한 식 석 공 조 공		인	0.04	
보 통 인 부		인	0.05	
공 구 손 료	인력품의 3%	식	1	

[주] ① 본 품은 인력으로 사괴석화방벽을 해체할 때를 기준으로 한 것이다.

② 본 품은 해체재를 재사용할 때를 기준으로 한 것이다.

③ 본 품은 해체조사, 회마감·줄눈 해체, 사괴석 및 뒤채움 해체, 운반·정리까지를 기준으로 한 것이다.

④ 본 품에는 소운반품이 포함되어 있다.

⑤ 잡재료는 별도 계상한다.

7-20-3 전돌화방벽해체

(㎡당)

구분	규격	단위	수량	비고
한 식 미 장 공		인	0.07	
한식미장공조공		인	0.03	
보 통 인 부		인	0.05	
공 구 손 료	인력품의 3%	식	1	

[주] ① 본 품은 인력으로 전돌화방벽을 해체할 때를 기준으로 한 것이다.

② 본 품은 해체재를 재사용할 때를 기준으로 한 것이다.

③ 본 품은 해체조사, 회마감·줄눈 해체, 전돌 및 뒤채움 해체, 운반·정리까지를 기준으로 한 것이다.

④ 해체재를 재사용하기 위하여 다듬기(이물질제거)를 하는 경우에는 '6-2 다듬기(이물질제거)'에 따른다.

⑤ 본 품에는 소운반품이 포함되어 있다.

⑥ 잡재료는 별도 계상한다.

7-20-4 와편화방벽해체

(㎡당)

구분	규격	단위	수량	비고
한 식 미 장 공		인	0.06	
한식미장공조공		인	0.03	
보 통 인 부		인	0.04	
공 구 손 료	인력품의 3%	식	1	

[주] ① 본 품은 인력으로 문양이 없는 와편화방벽을 해체할 때를 기준으로 한 것이다.

② 본 품은 해체재를 재사용할 때를 기준으로 한 것이다.

③ 본 품은 해체조사, 회마감 해체, 와편 및 뒤채움 해체, 운반·정리까지를 기준으로 한 것이다.

④ 본 품에는 소운반품이 포함되어 있다.

⑤ 문양이 있는 와편화방벽을 해체하는 경우 별도 계상한다.

⑥ 잡재료는 별도로 계상한다.

7-21 화방벽설치

7-21-1 토석화방벽설치

(㎡당)

구분	규격	단위	수량	비고
한 식 미 장 공		인	0.23	
한식미장공조공		인	0.17	
보 통 인 부		인	0.09	
공 구 손 료	인력품의 3%	식	1	

[주] ① 본 품은 면석 및 뒤채움 쌓기, 회마감까지를 기준으로 한 것이다.
② 1일 쌓기 높이는 1.2m 이하로 한다.
③ 면석에 새끼줄을 감아 중깃에 묶어 고정하는 경우 ㎡당 한식미장공 0.1인을 가산한다.
④ 본 품에는 소운반품이 포함되어 있다.
⑤ 재료량은 별도 계상한다.
⑥ 생석회 피우기(소화)는 생석회 100kg당 보통인부 0.13인을 가산한다.

7-21-2 사괴석화방벽설치

(㎡당)

구분	규격	단위	수량	비고
한 식 석 공		인	0.13	
한 식 석 공 조 공		인	0.10	
한 식 미 장 공		인	0.23	
한식미장공조공		인	0.13	
보 통 인 부		인	0.12	
공 구 손 료	인력품의 3%	식	1	

[주] ① 본 품은 사괴석 및 뒤채움쌓기, 줄눈바름, 회마감까지를 기준으로 한 것이다.
② 1일 쌓기 높이는 1.2m 이하로 한다.
③ 면석에 새끼줄을 감아 중깃에 묶어 고정하는 경우 ㎡당 한식석공 0.1인을 가산한다.
④ 본 품에는 소운반품이 포함되어 있다.
⑤ 재료량은 별도 계상한다.
⑥ 사괴석을 가공하는 경우 '15-10 사괴석만들기' 품을 따른다.
⑦ 생석회 피우기(소화)는 생석회 100kg당 보통인부 0.13인을 가산한다.

7-21-3 전돌화방벽설치

(㎡당)

구분	규격	단위	수량	비고
한 식 미 장 공		인	0.36	
한식미장공조공		인	0.25	
보 통 인 부		인	0.13	
공 구 손 료	인력품의 3%	식	1	

[주] ① 본 품은 전돌 및 뒤채움쌓기, 회마감 및 줄눈바름까지를 기준으로 한 것이다.

② 1일 쌓기 높이는 1.5m 이하로 한다.

③ 본 품에는 소운반품이 포함되어 있다.

④ 재료량은 별도 계상한다.

⑤ 생석회 피우기(소화)는 생석회 100kg당 보통인부 0.13인을 가산한다.

7-21-4 와편화방벽설치

(㎡당)

구분	규격	단위	수량	비고
한 식 미 장 공		인	0.27	
한식미장공조공		인	0.19	
보 통 인 부		인	0.10	
공 구 손 료	인력품의 3%	식	1	

[주] ① 본 품은 인력으로 문양이 없는 와편화방벽을 설치할 때를 기준으로 한 것이다.

② 본 품은 와편가공, 와편 및 뒤채움쌓기, 줄눈바름 및 회마감까지를 기준으로 한다.

③ 1일 쌓기 높이는 1.0m 이하로 한다.

④ 문양이 있는 와편화방벽을 설치하는 경우 별도 계상한다.

⑤ 본 품에는 소운반품이 포함되어 있다.

⑥ 재료량은 별도 계상한다.

⑦ 생석회 피우기(소화)는 생석회 100kg당 보통인부 0.13인을 가산한다.

제8장

창호공사

2023 문화재수리 표준품셈

제8장 창호공사

8-0 적용기준

1. 수량산출기준은 다음과 같다.

구분	단위	산출식	비고
창호떼내기, 창호설치	짝당	창호의 낱개수량	
창 호 제 작	짝당	창호의 낱개수량	목재수량 표시

2. 전동공구는 전기로 작동하는 전기대패, 전기톱, 전기드릴, 전기샌더 및 엔진으로 작동하는 엔진톱 등의 휴대용 수공구를 말한다.

8-1 창호떼내기

(짝당)

구분	규격	단위	수량	비고
한 식 목 공		인	0.06	
공 구 손 료	인력품의 3%	식	1	

[주] ① 본 품은 재설치가 가능하도록 창호를 떼어내는 것을 기준으로 한 것이다.

② 본 품은 여닫이, 미서기 등 일반적인 창호를 기준으로 한 것이다.

③ 본 품은 창호 규격 가로 650~730㎜, 세로 2,500~2,885㎜, 두께 55㎜를 기준으로 한 것이다.

④ 본 품에는 창호떼내기를 위한 철물해체품이 포함되어 있다.

⑤ 본 품에는 소운반품이 포함되어 있다.

⑥ 보양에 소요되는 재료 및 품은 "2-7 보양"에 따른다.

⑦ 창호떼내기가 특수한 경우에는 별도 계상한다.

8-2 창호설치

(짝당)

구분	규격	단위	수량	비고
한 식 목 공		인	0.22	
보 통 인 부		인	0.17	
공 구 손 료	인력품의 3%	식	1	

[주] ① 본 품은 여닫이, 미서기 등 일반적인 창호를 기준으로 한 것이다.

② 본 품은 창호 규격 창(가로 450~900㎜, 세로 510~1,410㎜, 두께 45㎜), 문(가로 450~825㎜, 세로 1,080~3,100㎜, 두께 45㎜)을 기준으로 한 것이다.

③ 본 품에는 창호설치를 위한 철물설치품이 포함되어 있으며, 철물제작은 별도 계상한다.

④ 본 품에는 소운반품이 포함되어 있다.

⑤ 창호설치가 특수한 경우에는 별도 계상한다.

8-3 세(띠)살창호제작

(짝당)

구분	규격	단위	수량	비고
한 식 목 공		인	3.1	
목 재		㎥	0.02	
공 구 손 료	인력품의 3%	식	1	

[주] ① 본 품은 창호 규격 가로 600㎜, 세로 1,470㎜, 두께 45㎜를 기준으로 한다.

② 본 품에는 창호재(살과 울거미 등)의 치목(쇠시리 포함)과 조립이 포함되어 있다.

③ 본 품의 목재수량과 상이한 창호를 제작하고자 할 때는 설계목재수량(할증제외)에 따라 품을 비례 증감할 수 있다.

8-4 격자살창호제작

(짝당)

구분	규격	단위	수량	비고
한 식 목 공		인	3.32	
목 재		㎥	0.026	
공 구 손 료	인력품의 3%	식	1	

[주] ① 본 품은 창호 규격 가로 210~870㎜, 세로 1,200~2,730㎜, 두께 30~50㎜를 기준으로 한다.

② 본 품에는 창호재(살과 울거미 등)의 치목(쇠시리 포함)과 조립이 포함되어 있다.

③ 본 품의 목재수량과 상이한 창호를 제작하고자 할 때는 설계목재수량(할증 제외)에 따라 품을 비례 증감할 수 있다.

8-5 솟을살창호제작

(짝당)

구분	규격	단위	수량	비고
한 식 목 공		인	4.95	
목 재		㎥	0.062	
공 구 손 료	인력품의 3%	식	1	

[주] ① 본 품은 창호 규격 가로 785㎜, 세로 2,290㎜, 두께 65㎜를 기준으로 한다.

② 본 품에는 창호재(살과 울거미 등)의 치목(쇠시리 포함)과 조립이 포함되어 있다.

③ 본 품의 목재수량과 상이한 창호를 제작하고자 할 때는 설계목재수량(할증 제외)에 따라 품을 비례 증감할 수 있다.

8-6 아자·완자살창호제작

(짝당)

구분	규격	단위	수량	비고
한 식 목 공		인	2.75	
목 재		m³	0.014	
공 구 손 료	인력품의 3%	식	1	

[주] ① 본 품은 창호 규격 가로 600~760mm, 세로 1,270~1,800mm, 두께 35~50mm를 기준으로 한다.

② 본 품에는 창호재(살과 울거미 등)의 치목(쇠시리 포함)과 조립이 포함되어 있다.

③ 본 품의 목재수량과 상이한 창호를 제작하고자 할 때는 설계목재수량(할증 제외)에 따라 품을 비례 증감할 수 있다.

8-7 불발기창호제작

(짝당)

구분	규격	단위	수량	비고
한 식 목 공		인	4.21	
목 재		m³	0.022	
공 구 손 료	인력품의 3%	식	1	

[주] ① 본 품은 창호 규격 가로 600mm, 세로 1,800mm, 두께 55mm를 기준으로 한다.

② 본 품에는 창호재(살과 울거미 등)의 치목(쇠시리 포함)과 조립이 포함되어 있다.

③ 본 품의 목재수량과 상이한 창호를 제작하고자 할 때는 설계목재수량(할증 제외)에 따라 품을 비례 증감할 수 있다.

8-8 판문제작

(짝당)

구분	규격	단위	수량	비고
한 식 목 공		인	4.34	
목 재		m³	0.048	
공 구 손 료	인력품의 3%	식	1	

[주] ① 본 품은 창호 규격 가로 755~775mm, 세로 1,820~1,920mm, 두께 40~45mm를 기준으로 한다.

② 본 품에는 창호재(살과 울거미 등)의 치목(쇠시리 포함)과 조립이 포함되어 있다.

③ 본 품의 목재수량과 상이한 창호를 제작하고자 할 때는 설계목재수량(할증 제외)에 따라 품을 비례 증감 할 수 있다.

8-9 대문제작

(짝당)

구분	규격	단위	수량	비고
한 식 목 공		인	5.83	
목 재		m³	0.149	
공 구 손 료	인력품의 3%	식	1	

[주] ① 본 품은 대문 규격 가로 770~930mm, 세로 1,150~1,910mm, 두께 30~50mm를 기준으로 한다.

② 본 품에는 제작 및 설치품이 포함되어 있다.

③ 본 품에는 대문설치를 위한 철물설치품이 포함되어 있으며, 철물제작은 별도 계상한다.

④ 본 품의 목재수량과 상이한 창호를 제작하고자 할 때는 설계목재수량(할증 제외)에 따라 품을 비례 증감할 수 있다.

8-10 세(띠)살창호제작(전동공구)

(짝당)

구분	규격	단위	수량	비고
한 식 목 공		인	1.36	
목 재		m³	0.023	
공 구 손 료	인력품의 3%	식	1	

[주] ① 본 품은 전동공구를 사용하여 창호재(살과 울거미 등)의 치목(쇠시리 포함)과 조립하는 작업까지를 기준으로 한 것이다.

② 본 품은 창호 규격 가로 600~660㎜, 세로 850~1800㎜, 두께 30~50㎜를 기준으로 한다.

③ 본 품의 목재수량과 상이한 창호를 제작하고자 할 때는 설계목재수량(할증 제외)에 따라 품을 비례 증감할 수 있다.

8-11 격자살창호제작(전동공구)

(짝당)

구분	규격	단위	수량	비고
한 식 목 공		인	1.42	
목 재		m³	0.023	
공 구 손 료	인력품의 3%	식	1	

[주] ① 본 품은 전동공구를 사용하여 창호재(살과 울거미 등)의 치목(쇠시리 포함)과 조립하는 작업까지를 기준으로 한 것이다.

② 본 품은 창호 규격 가로 600~660㎜, 세로 880~1800㎜, 두께 30~50㎜를 기준으로 한다.

③ 본 품의 목재수량과 상이한 창호를 제작하고자 할 때는 설계목재수량(할증 제외)에 따라 품을 비례 증감할 수 있다.

8-12 솟을살창호제작(전동공구)

(짝당)

구분	규격	단위	수량	비고
한 식 목 공		인	2.1	
목 재		㎥	0.055	
공 구 손 료	인력품의 3%	식	1	

[주] ① 본 품은 전동공구로 창호재(살과 울거미 등)의 치목(쇠시리 포함)과 조립하는 작업까지를 기준으로 한 것이다.

② 본 품은 창호 규격 가로 785㎜, 세로 2,290㎜, 두께 40㎜를 기준으로 한다.

③ 본 품의 목재수량과 상이한 창호를 제작하고자 할 때는 설계목재수량(할증 제외)에 따라 품을 비례 증감할 수 있다.

8-13 아자·완자살창호제작(전동공구)

(짝당)

구분	규격	단위	수량	비고
한 식 목 공		인	1.29	
목 재		㎥	0.017	
공 구 손 료	인력품의 3%	식	1	

[주] ① 본 품은 전동공구로 창호재(살과 울거미 등)의 치목(쇠시리 포함)과 조립하는 작업까지를 기준으로 한 것이다.

② 본 품은 창호 규격 가로 630~808㎜, 세로 1,272~1,750㎜, 두께 45㎜를 기준으로 한다.

③ 본 품의 목재수량과 상이한 창호를 제작하고자 할 때는 설계목재수량(할증 제외)에 따라 품을 비례 증감할 수 있다.

8-14 불발기창호제작(전동공구)

(짝당)

구분	규격	단위	수량	비고
한 식 목 공		인	1.85	
목 재		m³	0.027	
공 구 손 료	인력품의 3%	식	1	

[주] ① 본 품은 전동공구로 창호재(살과 울거미 등)의 치목(쇠시리 포함)과 조립하는 작업까지를 기준으로 한 것이다.

② 본 품은 창호 규격 가로 600~670㎜, 세로 1800~1900㎜, 두께 45㎜를 기준으로 한다.

③ 본 품의 목재수량과 상이한 창호를 제작하고자 할 때는 설계목재수량(할증 제외)에 따라 품을 비례 증감할 수 있다.

8-15 판문제작(전동공구)

(짝당)

구분	규격	단위	수량	비고
한 식 목 공		인	0.61	
목 재		m³	0.032	
공 구 손 료	인력품의 3%	식	1	

[주] ① 본 품은 전동공구로 창호재(살과 울거미 등)의 치목(쇠시리 포함)과 조립하는 작업까지를 기준으로 한 것이다.

② 본 품은 창호 규격 가로 540~865㎜, 세로 1,665~2,200㎜, 두께 40㎜를 기준으로 한다.

③ 본 품의 목재수량과 상이한 창호를 제작하고자 할 때는 설계목재수량(할증 제외)에 따라 품을 비례 증감할 수 있다.

8-16 대문제작(전동공구)

(짝당)

구분	규격	단위	수량	비고
한 식 목 공		인	1.2	
목 재		m³	0.053	
공 구 손 료	인력품의 3%	식	1	

[주] ① 본 품은 대문 규격 가로 685㎜, 세로 1,700㎜, 두께 35㎜를 기준으로 한다.

② 본 품에는 제작 및 설치품이 포함되어 있다.

③ 본 품에는 대문설치를 위한 철물설치품이 포함되어 있으며, 철물제작은 별도 계상한다.

④ 본 품의 목재수량과 상이한 창호를 제작하고자 할 때는 설계목재수량(할증 제외)에 따라 품이 비례 증감할 수 있다.

제9장

온돌공사

제9장 온돌공사

9-0 적용기준

1. 생석회피우기(소화)는 생석회 100kg당 보통인부 0.13인을 가산한다.

2. 비계매기는 필요 시 별도 계상한다.

3. 소규모 공사
   온돌공사 해체 또는 설치 수량이 20㎡ 이하일 경우에는 인력품을 50% 가산한다. 단, 제1장 적용기준의 소단위공사와 둘 중 하나만을 적용한다.

4. 편수산정기준은 다음과 같다.
   ① 온돌해체 : 20㎡당 1인
   ② 온돌설치 : 15㎡당 1인

※ 온돌해체·설치는 방바닥미장, 부토, 거미줄, 구들장, 고래둑, 시근담, 개자리·고래바닥까지를 기준으로 한 것이다.

5. 수량산출기준은 다음과 같다.

구분	단위	산출식	비고
아 궁 이 설 치	개소	아궁이 수	
굴 뚝 해 체 굴 뚝 설 치	㎡	둘레표면적	
온 돌 해 체 고 래 설 치 구 들 놓 기 방 바 닥 미 장 바 르 기 부 뚜 막 설 치	㎡	바닥면적	
연 도 해 체 연 도 설 치	m	연도길이	

[주] 부뚜막 수량산출 시 솥걸이구멍은 공제하지 아니한다.

9-1 온돌해체

(㎡당)

구분	규격	단위	수량	비고
온 돌 공 · 한 식 미 장 공		인	0.15	
온돌공조공 · 한식미장공조공		인	0.05	
보 통 인 부		인	0.04	
공 구 손 료	인력품의 3%	식	1	

[주] ① 본 품의 해체는 방바닥미장, 부토, 거미줄, 구들장, 고래둑, 시근담, 개자리·고래바닥까지를 기준으로 한 것이다.

② 본 품에는 소운반품이 포함되어 있다.

③ 아궁이해체는 필요 시 별도 계상한다.

④ 잡재료는 별도 계상한다.

9-2 고래설치

(㎡당)

구분	규격	단위	수량	비고
진 흙		㎥	0.11	
잡 석		㎥	0.18	
온 돌 공 · 한 식 미 장 공		인	0.21	
온돌공조공 · 한식미장공조공		인	0.07	
보 통 인 부		인	0.04	
공 구 손 료	인력품의 3%	식	1	

[주] ① 본 품은 고래바닥, 개자리, 시근담, 고래둑까지를 기준으로 한 것이다.

② 본 품은 나란히고래일 때를 기준으로 한 것이다.

③ 본 품에는 소운반품이 포함되어 있다.

④ 연도설치는 별도 계상한다.

9-3 구들놓기

(m²당)

구분	규격	단위	수량	비고
진 흙		m³	0.09	
잡 석		m³	0.12	
구 들 장		m²	1.1	
온 돌 공 · 한 식 미 장 공		인	0.12	
온돌공조공 · 한식미장공조공		인	0.04	
보 통 인 부		인	0.03	
공 구 손 료	인력품의 3%	식	1	

[주] ① 본 품은 구들장, 거미줄까지를 기준으로 한 것이다.

② 본 품에는 재료할증이 포함되어 있다.

③ 본 품에는 비빔 및 소운반품이 포함되어 있다.

9-4 방바닥미장바르기

(㎡당)

구분	규격	단위	수량	비고
생 석 회		kg	5	
모 래		㎥	0.04	
부 토		㎥	0.30	
온돌공·한식미장공		인	0.26	
온돌공조공·한식미장공조공		인	0.08	
보 통 인 부		인	0.05	
공 구 손 료	인력품의 3%	식	1	

[주] ① 본 품은 부토, 방바닥미장까지를 기준으로 한 것이다.

② 본 품에는 재료할증이 포함되어 있다.

③ 본 품에는 비빔 및 소운반품이 포함되어 있다.

④ 생석회 피우기(소화)는 생석회 100kg당 보통인부 0.13인을 가산한다.

9-5 아궁이설치

(개소당)

구분	규격	단위	수량	비고
이　　맛　　돌		㎥	0.05	
붓　　　　　돌		㎥	0.08	
진　　　　　흙		㎥	0.09	
온 돌 공 · 한 식 미 장 공		인	0.24	
온돌공조공 · 한식미장공조공		인	0.15	
보　　통　　인　　부		인	0.11	
공　　구　　손　　료	인력품의 3%	식	1	

[주] ① 본 품은 함실아궁이를 기준으로 한 것이다.

② 아궁이 규격은 너비 400㎜~450㎜, 높이 400㎜~450㎜를 기준으로 한 것이다.

③ 본 품에는 소운반품이 포함되어 있다.

9-6 부뚜막설치

(㎡당)

구분	규격	단위	수량	비고
진 흙		m³	0.859	
잡 석	230mm×200mm×110mm	m³	0.715	
장 작		지게	0.5	
생 석 회		kg	3.476	외벽 마감
진 흙		m³	0.005	
모 래		m³	0.002	
온 돌 공 · 한 식 미 장 공		인	0.95	
온돌공조공 · 한식미장공조공		인	0.29	
보 통 인 부		인	0.19	
공 구 손 료	인력품의 3%	식	1	

[주] ① 본 품은 바닥고르기, 부뚜막내·외벽, 아궁이, 부뚜막외벽마감까지를 기준으로 한 것이다.

② 본 품은 부뚜막높이 0.6~1m일 때를 기준으로 한 것이다.

③ 본 품에는 재료할증이 포함되어 있다.

④ 본 품에는 비빔 및 소운반품이 포함되어 있다.

⑤ 본 품에는 솥걸이대가 포함되어 있다.

⑥ 생석회 피우기(소화)는 생석회 100kg당 보통인부 0.13인을 가산한다.

⑦ 불때기는 별도 계상한다.

9-7 굴뚝설치

9-7-1 전축굴뚝(문양있음)

(둘레㎡당)

구분	규격	단위	수량	비고
오 지 관 (토 관)	φ 180×500mm	매	설계량	
전 돌 (건 식)	190×90×57mm	매	22.4	
전 돌 (습 식)	190×90×57mm	매	35.8	굴뚝 둘레 면적
모 래		㎥	0.07	
진 흙		㎥	0.01	
마 사 토		㎥	0.04	
생 석 회		kg	60.6	
온 돌 공 · 한 식 미 장 공		인	0.76	
온 돌 공 조 공 · 한 식 미 장 공 조 공		인	0.44	
보 통 인 부		인	0.83	
공 구 손 료	인력품의 3%	식	1	

[주] ① 본 품은 1,000mm×775mm×2,780mm(굴뚝상부기와 제외)인 문양 있는 전축굴뚝을 기준으로 한 것이다.

② 본 품에는 굴뚝개자리설치, 속채움 품이 포함되어 있다.

③ 본 품에는 소운반품이 포함되어 있다.

④ 굴뚝상부 기와이기, 마루기와이기, 연가설치는 기와이기 면적 1㎡당 한식와공 0.14인, 한식와공조공 0.13인, 보통인부 0.03인을 별도 가산하며, 재료는 별도 계상한다.

⑤ 생석회 피우기(소화)는 생석회 100kg당 보통인부 0.13인을 가산한다.

⑥ 줄눈바름은 별도 계상하되, "6-6 줄눈바름/6-6-1 전돌벽"에 따른다.

⑦ 비계매기는 필요 시 별도 계상한다.

9-7-2 전축굴뚝(문양없음)

(둘레㎡당)

구분	규격	단위	수량	비고
오 지 관 (토 관)	φ 180×500㎜	매	설계량	
전 돌 (건 식)	190×90×57㎜	매	22.4	
전 돌 (습 식)	190×90×57㎜	매	35.8	굴뚝 둘레 면적
모 래		㎥	0.07	
진 흙		㎥	0.01	
마 사 토		㎥	0.04	
생 석 회		kg	60.6	
온 돌 공 · 한 식 미 장 공		인	0.53	
온돌공조공 · 한식미장공조공		인	0.30	
보 통 인 부		인	0.06	
공 구 손 료	인력품의 3%	식	1	

[주] ① 본 품은 810㎜×810㎜×1,930㎜(굴뚝상부기와 제외)인 문양 없는 전축굴뚝을 기준으로 한 것이다.

② 본 품에는 굴뚝개자리설치, 속채움 품이 포함되어 있다.

③ 본 품에는 소운반품이 포함되어 있다.

④ 굴뚝상부 기와이기, 마루기와이기, 연가설치는 기와이기 1㎡당 한식와공 0.14인, 한식와공조공 0.13인, 보통인부 0.03인을 별도 가산하며, 재료는 별도 계상한다.

⑤ 생석회 피우기(소화)는 생석회 100kg당 보통인부 0.13인을 가산한다.

⑥ 줄눈바름은 별도 계상하되, "6-6 줄눈바름/6-6-1 전돌벽"에 따른다.

⑦ 비계매기는 필요 시 별도 계상한다.

9-7-3 오지굴뚝

(둘레㎡당)

구분	규격	단위	수량	비고
오 지 관 (토 관)	φ 180×500㎜	개	1	
전 돌	190×90×57㎜	매	54.67	
생 석 회		kg	40.47	
진 흙		㎥	0.11	
온 돌 공 · 한 식 미 장 공		인	0.33	
온돌공조공 · 한식미장공조공		인	0.99	
보 통 인 부		인	0.16	
공 구 손 료	인력품의 3%	식	1	

[주] ① 본 품은 규격 430㎜×320㎜×500㎜인 오지굴뚝을 기준으로 한 것이다.
　② 본 품에는 굴뚝개자리설치품이 포함되어 있다.
　③ 본 품에는 소운반품이 포함되어 있다.
　④ 생석회 피우기(소화)는 생석회 100kg당 보통인부 0.13인을 가산한다.

9-7-4 와편굴뚝

(둘레㎡당)

구분	규격	단위	수량	비고
연　　　　　　가		개	설계량	
암　　키　　와	중와	매	20.31	
생　　석　　회		kg	66.01	
진　　　　　흙		㎥	0.17	
온돌공·한식미장공		인	0.25	
온돌공조공·한식미장공조공		인	0.21	
보　통　인　부		인	0.06	
공　구　손　료	인력품의 3%	식	1	

[주] ① 본 품은 규격 600㎜×600㎜×820㎜인 와편굴뚝을 기준으로 한 것이다.

② 본 품에는 굴뚝개자리설치, 연가설치품이 포함되어 있다.

③ 본 품에는 소운반품이 포함되어 있다.

④ 생석회 피우기(소화)는 생석회 100kg당 보통인부 0.13인을 가산한다.

9-8 굴뚝해체

9-8-1 전축굴뚝

(둘레㎡당)

구분	규격	단위	수량	비고
온 돌 공 · 한 식 미 장 공		인	0.21	
온돌공조공 · 한식미장공조공		인	0.17	
보 통 인 부		인	0.06	
공 구 손 료	인력품의 3%	식	1	

[주] ① 본 품은 규격 810㎜×810㎜×1,930㎜(굴뚝 상부기와 제외)인 전축굴뚝을 기준으로 한 것이다.

② 본 품은 연가 · 굴뚝상부기와, 전벽돌 · 속채움, 지대석 · 개자리, 속채움 해체 및 해체재 정리를 기준으로 한 것이다.

③ 본 품에는 소운반품이 포함되어 있다.

④ 비계매기는 필요시 "2-5 강관비계매기(미장 · 단청공사용)"에 따른다.

⑤ 잡재료는 별도 계상한다.

9-8-2 오지굴뚝

(둘레㎡당)

구분	규격	단위	수량	비고
온 돌 공 · 한 식 미 장 공		인	0.26	
온돌공조공 · 한식미장공조공		인	0.22	
보 통 인 부		인	0.06	
공 구 손 료	인력품의 3%	식	1	

[주] ① 본 품은 규격 430㎜×430㎜×510㎜인 오지굴뚝을 기준으로 한 것이다.

② 본 품의 해체는 미장바름, 토관, 전벽돌 · 속채움, 지대석 · 굴뚝개자리 해체 및 해체재 정리를 기준으로 한 것이다.

③ 본 품에는 소운반품이 포함되어 있다.

④ 잡재료는 별도 계상한다.

9-8-3 와편굴뚝

(둘레㎡당)

구분	규격	단위	수량	비고
온 돌 공 · 한 식 미 장 공		인	0.11	
온돌공조공 · 한식미장공조공		인	0.09	
보 통 인 부		인	0.03	
공 구 손 료	인력품의 3%	식	1	

[주] ① 본 품은 규격 600mm×600mm×1,230mm인 와편굴뚝을 기준으로 한 것이다.
② 본 품의 해체는 미장바름, 와편·속채움, 토관, 지대석·굴뚝개자리해체 및 해체재 정리를 기준으로 한 것이다.
③ 본 품에는 소운반품이 포함되어 있다.
④ 잡재료는 별도 계상한다.

9-9 연도해체

(m당)

구분	규격	단위	수량	비고
온 돌 공 · 한 식 미 장 공		인	0.14	
온돌공조공·한식미장공조공		인	0.12	
보 통 인 부		인	0.03	
공 구 손 료	인력품의 3%	식	1	

[주] ① 본 품의 해체는 정벌·초벌바름 해체, 연도 상판석·측벽 해체 및 해체재 정리를 기준으로 한 것이다.
② 본 품에는 소운반품이 포함되어 있다.
③ 잡재료는 별도 계상한다.

9-10 연도설치

(m당)

구분	규격	단위	수량	비고
막돌		매	16	
판석		매	2.5	
진흙		m³	0.20	
생석회		kg	13.0	
온돌공·한식미장공		인	0.47	
온돌공조공·한식미장공조공		인	0.15	
보통인부		인	0.10	
공구손료	인력품의 3%	식	1	

[주] ① 본 품은 규격 300㎜×300㎜×2,000㎜인 연도를 설치할 때를 기준으로 한 것이다.

② 본 품에는 소운반품이 포함되어 있다.

③ 생석회 피우기(소화)는 생석회 100㎏당 보통인부 0.13인을 가산한다.

제10장

수장공사

2023 문화재수리 표준품셈

제10장 수장공사

10-0 적용기준

1. 해체·조립 시

   ① 목부재 하단(최저점)을 기준으로 지면으로부터 3.6m 이상~6.0m 이하일 경우에는 인력품을 20% 가산하고, 6.0m를 초과할 경우에는 매 3.0m마다 각각 10%씩 가산한다.

   ② 수장공사용 철물 해체·설치품은 포함되어 있다.

   ◦ 철물제작은 별도 계상한다.

   ③ 해체 시 단청 보양이 필요한 경우에는 별도 계상한다.

   ④ 해체 시 실측조사를 겸할 경우에는 인력품의 50%를 가산한다.

2. 치목 시

   ① 고려말~조선초기(15세기)의 구조양식은 인력품을 20% 가산한다.

   ② 훼손되거나 파손된 개별부재를 재사용하기 위하여 수리하는 경우에는 치목품을 50% 가산한다. 여기서 부재수리란 훼손·파손된 부위를 잘라내고, 신재를 치목하여 이음하거나 덧대어 보강하는 경우를 말한다.

   ③ 원목(原木)을 사용하여 해당부재를 치목하는 경우에는 해당부재별 치목품에 다음 중 해당하는 품을 가산한다.

   ◦ 4-5 4각 치목(원목→4각)
   ◦ 4-6 8각 치목(4각→8각)
   ◦ 4-7 16각 치목(8각→16각)

④ 치목품은 다음에 따른다.

- 마룻널, 반자틀, 달대받이, 달대, 반자틀받이, 소란대의 치목품은 "4-13 부연치목"에 따른다.

- 반자널, 치마널, 궁창널, 계단옆판, 계단디딤판의 치목품은 "4-13 부연치목 [주] ⑤"에 따른다.

- 난간지방, 난간두겁대의 치목품은 "4-12 장여치목/4-12-1 장여(도리자리 없음)"에 따른다.

- 동자기둥, 엄지기둥, 하엽의 치목품은 "4-20 첨차치목/4-20-2 첨차(초각 있음)"에 따른다.

- 장귀틀, 동귀틀의 치목품은 "4-11 도리치목/4-11-2 납도리"에 따른다.

- 계자각의 치목품은 "4-21 살미치목"에 따른다.

⑤ 치목품에서 따내기, 파내기, 홈파기 등은 수량에서 공제하지 아니한다.

⑥ 기계장비는 전기대패, 전기톱, 전기드릴, 전기샌더 등을 말한다.

3. 수량산출기준은 다음과 같다.

구분	단위	산출식	비고
마 루 해 체 · 설 치	m³	부재체적	
난 간 해 체 · 설 치			
계 단 해 체 · 설 치			
천 장 해 체 · 설 치	m²	천장면적	

10-1 마루해체

(㎥당)

구 분	규 격	단위	수량	비고
한 식 목 공		인	0.56	
한 식 목 공 조 공		인	0.40	
보 통 인 부		인	0.23	
공 구 손 료	인력품의 5%	식	1	

[주] ① 본 품은 우물마루의 마루널, 귀틀해체까지를 기준으로 한 것이다.

② 본 품에는 소운반품이 포함되어 있다.

10-2 난간해체

(㎥당)

구 분	규 격	단위	수량	비고
한 식 목 공		인	0.84	
한 식 목 공 조 공		인	0.59	
보 통 인 부		인	0.34	
공 구 손 료	인력품의 5%	식	1	

[주] ① 본 품은 계자난간의 난간두겁대, 하엽, 난간상방, 궁창널, 난간기둥, 난간하방, 치마널해체까지를 기준으로 한 것이다.

② 본 품에는 소운반품이 포함되어 있다.

③ 평난간을 해체할 때는 본 품의 100%를 가산한다.

④ 단청 보양이 필요한 경우에는 별도 계상한다.

10-3 목재계단해체

(㎥당)

구분	규격	단위	수량	비고
한 식 목 공		인	0.92	
한 식 목 공 조 공		인	0.64	
보 통 인 부		인	0.37	
공 구 손 료	인력품의 5%	식	1	

[주] ① 본 품은 목재계단의 난간두겁대, 난간기둥, 계단하방, 계단옆판, 계단디딤판해체까지를 기준으로 한 것이다.

② 본 품에는 계단난간해체가 포함되어 있다.

③ 본 품에는 소운반품이 포함되어 있다.

④ 단청 보양이 필요한 경우에는 별도 계상한다.

10-4 천장해체

(㎡당)

구분	규격	단위	수량	비고
한 식 목 공		인	0.09	
한 식 목 공 조 공		인	0.06	
보 통 인 부		인	0.04	
공 구 손 료	인력품의 5%	식	1	

[주] ① 본 품은 우물천장의 반자널, 반자틀, 달대, 달대받이해체까지를 기준으로 한 것이다.

② 본 품에는 소운반품이 포함되어 있다.

③ 종이천장을 해체할 때는 본 품의 25%를 적용한다.

④ 쪽매가 없는 널천장을 해체할 때는 본 품을 적용하고, 쪽매가 있는 널천장을 해체할 때는 품을 10% 가산한다.

⑤ 단청 보양이 필요한 경우에는 별도 계상한다.

10-5 마루설치

(㎥당)

구분	규격	단위	수량	비고
한 식 목 공		인	1.17	
한 식 목 공 조 공		인	0.71	
보 통 인 부		인	0.47	
공 구 손 료	인력품의 5%	식	1	

[주] ① 본 품은 우물마루의 귀틀, 마루널설치까지를 기준으로 한 것이다.

　② 본 품에는 소운반품이 포함되어 있다.

　③ 잡재료는 별도 계상한다.

10-6 난간설치

(㎥당)

구분	규격	단위	수량	비고
한 식 목 공		인	4.46	
한 식 목 공 조 공		인	2.67	
보 통 인 부		인	1.79	
공 구 손 료	인력품의 5%	식	1	

[주] ① 본 품은 계자난간의 치마널, 난간하방, 난간기둥, 궁창널, 난간상방, 난간두겁대설치까지를 기준으로 한 것이다.

　② 본 품에는 소운반품이 포함되어 있다.

　③ 평난간을 설치할 때는 본 품의 60%를 적용한다.

　④ 궁창널식 이외의 것은 별도 계상한다.

　⑤ 잡재료는 별도 계상한다.

10-7 목재계단설치

(㎥당)

구분	규격	단위	수량	비고
한 식 목 공		인	4.10	
한 식 목 공 조 공		인	2.46	
보 통 인 부		인	1.64	
공 구 손 료	인력품의 5%	식	1	

[주] ① 본 품은 계단디딤판, 계단옆판, 계단하방, 난간기둥, 난간두겁대설치까지를 기준으로 한 것이다.

② 본 품에는 계단난간설치가 포함되어 있다.

③ 본 품에는 소운반품이 포함되어 있다.

④ 잡재료는 별도 계상한다.

10-8 천장설치

(㎡당)

구분	규격	단위	수량	비고
한 식 목 공		인	0.10	
한 식 목 공 조 공		인	0.06	
보 통 인 부		인	0.04	
공 구 손 료	인력품의 5%	식	1	

[주] ① 본 품은 우물천장의 달대받이, 달대, 반자틀(소란대 포함), 반자널설치까지를 기준으로 한 것이다.

② 본 품에는 소운반품이 포함되어 있다.

③ 종이천장을 설치할 때는 본 품의 40%를 적용한다.

④ 쪽매가 없는 널천장을 설치할 때는 본 품을 적용하고, 쪽매가 있는 널천장을 설치할 때는 품을 40% 가산한다.

⑤ 잡재료는 별도 계상한다.

제11장

석공사

2023 문화재수리 표준품셈

제11장 석공사

11-0 적용기준

1. 해체·쌓기 시 아래 높이에 따라 인력품을 가산한다.

3m 초과~4m 이하	30%
4m 초과~5.5m 이하	40%
5.5m 초과~7.5m 이하	60%
7.5m 초과	80~100%

2. 소규모 공사
   석공사 수량이 $3m^3$ 이하일 경우에는 인력품을 50% 가산한다. 단, 제1장 적용기준의 소단위공사와 둘 중 하나만을 적용한다.

3. 편수산정기준은 다음과 같다.
   ① 치석 혹두기 $20m^2$당 1인
      거친정다듬 $6m^2$당 1인
      고운정다듬 $3m^2$당 1인
      도드락다듬 $2m^2$당 1인
      잔다듬 $1m^2$당 1인
   ② 석재쌓기 $3m^3$당 1인
   ③ 석재해체 $5m^3$당 1인
   ④ 채움석쌓기·해체 : $9m^3$당 1인
   ⑤ 치석 정다듬(기계장비) : $39m^2$당 1인
      도드락다듬(기계장비) : $24m^2$당 1인
   ⑥ 석재쌓기(기계장비) : $9m^3$당 1인
   ⑦ 석재해체(기계장비) : $20m^3$당 1인

4. 수량산출기준은 다음과 같다.

구분	단위	산출식	비고
할 석	m³	체적	
치 석	m²	가공면적	
석 재 해 체 · 쌓 기	m³	체적	
성 곽	m³	성벽면적× 뒤뿌리 평균두께	석축 동일
채 움 석 해 체 · 쌓 기	m³	체적	
바 닥 박 석 깔 기	m²	바닥면적	
여 장 설 치	m³	체적	총안 포함
거 친 돌 계 단 설 치	m³	체적	
마 름 돌 계 단 설 치	m³	체적	
거 친 돌 계 단 해 체	m³	체적	
마 름 돌 계 단 해 체	m³	체적	
정 다 듬 (거친다듬, 무쇠정)	m²	가공면적	정벼리기 포함
정 다 듬 (고운다듬, 무쇠정)	m²	가공면적	
할 석 (기 계 장 비)	m³	체적	
형 태 가 공 (기 계 장 비)	m²	가공면적	

[주] ① 수량산출은 마감치수(설계도면치수)를 기준으로 한다.

② 수량산출기준 도식

㉮ 장초석(사각) : 각뿔태 구적공식
상하면을 제외한 표면적 S = $2 \times h' \times (a+a')$

(* $h' = \sqrt{\dfrac{(a-a')^2}{4} + h^2}$)

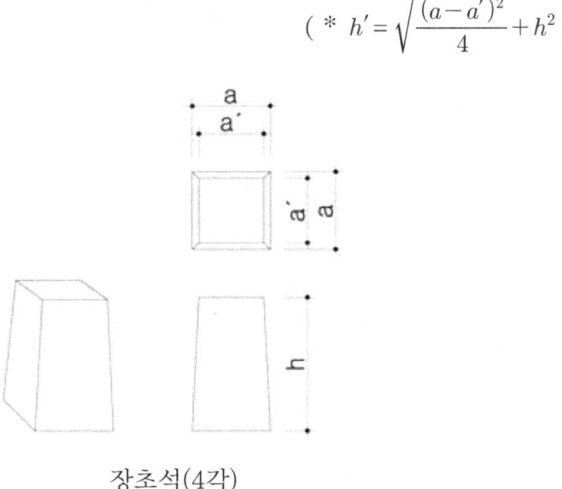

장초석(4각)

㉯ 장초석(팔각) : 각뿔태 구적공식
상하면을 제한 표면적
상하면을 제외한 표면적 S = $4 \times h' \times (a+a')$

(* $h' = \sqrt{\dfrac{(b-b')^2}{4} + h^2}$)

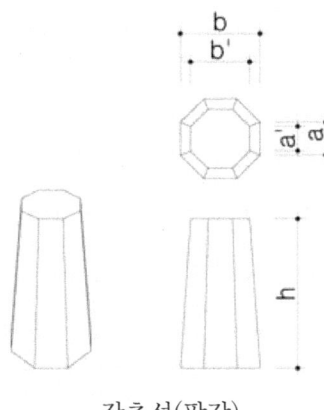

장초석(팔각)

㉢ 홍예석 : 부채꼴 구적공식
  체적 : θ/360°×π×(R^2-r^2)×t
  면적 : θ/360°×π×(R^2-r^2) + θ/360°×2π(R+r)×t + 2(R-r)×t
  (R:부채꼴 큰호의 반지름, r:부채꼴 작은호의 반지름, θ:부채꼴의 각도, t:두께)

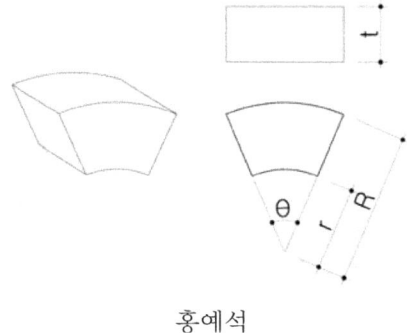

홍예석

㉣ 석탑옥개석 : 최대단면기준식
  체적 : a×a×h
  면적 : (a×a×2면)+(a×h×4면)

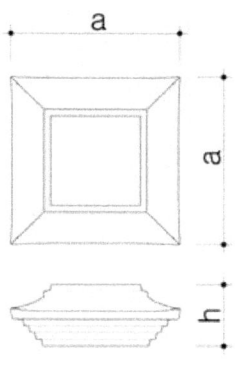

석탑옥개석

5. 치석

① 특대물은 50%까지 가산할 수 있다. 특대물이란 한면 마무리 면적이 1㎡를 초과하는 것을 말한다.

② 치석품에서 따내기, 홈파기 등은 수량에서 공제하지 아니한다.

③ 맞댄면가공
- 지정문화재 및 이에 준하는 석공사의 맞댄면은 표면에서 6㎝는 표면과 같이 산출하고 뒷뿌리는 혹두기로 산출한다.
- 일반 신축 건물의 기단이나 계단, 박석 등 이에 준하는 석재 맞댄면가공은 정다듬 3㎝, 잔다듬 2㎝로 산출하고 가공 정도는 1단계씩 낮추어 적용한다.

④ 초석은 운두부분만을 수량산출하여 정다듬 이상일 때 품을 100% 가산한다.

⑤ 조각이나 특수한 형상의 가공은 견적 등 별도로 계상한다.

⑥ 전동공구는 전기 또는 압축공기로 작동하는 그라인더, 착암기, 에어공구 등 휴대용 수공구를 말한다.

⑦ 기계장비는 크레인, 굴착기 등을 말한다.

11-1 거친돌해체

11-1-1 0.035㎥ 이하

(㎥당)

구분	규격	단위	수량	비고
한 식 석 공		인	1.88	
한 식 석 공 조 공		인	0.75	
보 통 인 부		인	0.38	
공 구 손 료	인력품의 3%	식	1	

[주] ① 본 품은 0.035㎥ 이하 거친돌을 인력으로 해체할 때를 기준으로 한 것이다.
② 본 품에는 소운반품이 포함되어 있다.

11-1-2 0.035㎥ 초과~0.3㎥ 미만

(㎥당)

구분	규격	단위	수량	비고
한 식 석 공		인	1.18	
한 식 석 공 조 공		인	0.48	
보 통 인 부		인	0.24	
공 구 손 료	인력품의 3%	식	1	

[주] ① 본 품은 0.035㎥ 초과~0.3㎥ 미만 거친돌을 인력으로 해체할 때를 기준으로 한 것이다.
② 본 품에는 소운반품이 포함되어 있다.

11-1-3 0.3㎥ 이상

(㎥당)

구분	규격	단위	수량	비고
한 식 석 공		인	0.71	
한 식 석 공 조 공		인	0.29	
보 통 인 부		인	0.15	
공 구 손 료	인력품의 3%	식	1	

[주] ① 본 품은 0.3㎥ 이상 거친돌을 인력으로 해체할 때를 기준으로 한 것이다.

② 본 품에는 소운반품이 포함되어 있다.

11-2 마름돌해체

11-2-1 0.035㎥ 이하

(㎥당)

구분	규격	단위	수량	비고
한 식 석 공		인	1.34	
한 식 석 공 조 공		인	0.54	
보 통 인 부		인	0.27	
공 구 손 료	인력품의 3%	식	1	

[주] ① 본 품은 0.035㎥ 이하 마름돌을 인력으로 해체할 때를 기준으로 한 것이다.

② 본 품에는 소운반품이 포함되어 있다.

11-2-2 0.035㎥ 초과~0.3㎥ 미만

(㎥당)

구분	규격	단위	수량	비고
한 식 석 공		인	0.84	
한 식 석 공 조 공		인	0.34	
보 통 인 부		인	0.17	
공 구 손 료	인력품의 3%	식	1	

[주] ① 본 품은 0.035㎥ 초과~0.3㎥ 미만 마름돌을 인력으로 해체할 때를 기준으로 한 것이다.
　　② 본 품에는 소운반품이 포함되어 있다.

11-2-3 0.3㎥ 이상

(㎥당)

구분	규격	단위	수량	비고
한 식 석 공		인	0.51	
한 식 석 공 조 공		인	0.21	
보 통 인 부		인	0.11	
공 구 손 료	인력품의 3%	식	1	

[주] ① 본 품은 0.3㎥ 이상 마름돌을 인력으로 해체할 때를 기준으로 한 것이다.
　　② 본 품에는 소운반품이 포함되어 있다.

11-3 채움석해체

(m³당)

구분	규격	단위	수량	비고
한 식 석 공		인	0.57	
한 식 석 공 조 공		인	0.23	
보 통 인 부		인	0.12	
공 구 손 료	인력품의 3%	식	1	

[주] ① 본 품은 0.035m³ 이하 채움석을 인력으로 해체할 때를 기준으로 한 것이다.

② 본 품에는 소운반품이 포함되어 있다.

11-4 할석

(인)

할석(m³)	원석(m³)	3.24	1.08	0.54	0.27	0.14	0.07
한식 석공	1.080	0.263	–	–	–	–	–
	0.540	0.569	0.102	–	–	–	–
	0.270	1.006	0.248	0.073	–	–	–
	0.140	1.706	0.481	0.190	0.058	–	–
	0.070	2.756	0.831	0.365	0.146	0.044	–
	0.035	4.156	1.298	0.598	0.263	0.102	0.029

[주] ① 본 품은 1.8m×1.5m×1.2m(3.24m³) 크기의 원석을 인력으로 할석할 때를 기준으로 한 것이다.

② 공구손료는 인력품의 5%로 계상한다.

11-5 혹두기

(㎡당)

구분	규격	단위	수량	비고
한 식 석 공		인	0.43	
한 식 석 공 조 공		인	0.11	
공 구 손 료	인력품의 5%	식	1	

[주] 본 품은 할석된 석재의 도드라지거나 모서리의 불필요한 부분을 쇠메, 평날망치 등으로 쳐서 떼어낼 때를 기준으로 한 것이다.

11-6 정다듬(거친다듬)

(㎡당)

구분	규격	단위	수량	비고
한 식 석 공		인	0.84	
한 식 석 공 조 공		인	0.21	
공 구 손 료	인력품의 5%	식	1	

[주] 본 품은 할석된 석재면에 거친정다듬할 때를 기준으로 한다.

11-7 정다듬(고운다듬)

(㎡당)

구분	규격	단위	수량	비고
한 식 석 공		인	1.73	
한 식 석 공 조 공		인	0.43	
공 구 손 료	인력품의 5%	식	1	

[주] 본 품은 할석된 석재면에 거친정다듬 후 고운정다듬까지를 기준으로 한 것이다.

11-8 도드락다듬(25눈)

(m²당)

구분	규격	단위	수량	비고
한 식 석 공		인	2.15	
한 식 석 공 조 공		인	0.54	
공 구 손 료	인력품의 5%	식	1	

[주] ① 본 품은 할석된 석재면에 거친정다듬, 고운정다듬 후 도드락다듬(25눈)까지를 기준으로 한 것이다.

② 본 품에는 모서리다듬기 품이 포함되어 있다.

11-9 도드락다듬(64눈)

(m²당)

구분	규격	단위	수량	비고
한 식 석 공		인	2.61	
한 식 석 공 조 공		인	0.65	
공 구 손 료	인력품의 5%	식	1	

[주] ① 본 품은 할석된 석재면에 거친정다듬, 고운정다듬, 도드락다듬(25눈) 후 도드락다듬(64눈)까지를 기준으로 한 것이다.

② 본 품에는 모서리다듬기 품이 포함되어 있다.

11-10 도드락다듬(100눈)

(㎡당)

구분	규격	단위	수량	비고
한 식 석 공		인	3.61	
한 식 석 공 조 공		인	0.9	
공 구 손 료	인력품의 5%	식	1	

[주] ① 본 품은 할석된 석재면에 거친정다듬, 고운정다듬, 도드락다듬(25눈), 도드락다듬(64눈) 후 도드락다듬(100눈)까지를 기준으로 한 것이다.
② 본 품에는 모서리다듬기 품이 포함되어 있다.

11-11 잔다듬(1회)

(㎡당)

구분	규격	단위	수량	비고
한 식 석 공		인	3.96	
한 식 석 공 조 공		인	0.99	
공 구 손 료	인력품의 5%	식	1	

[주] 본 품은 할석된 석재면에 거친정다듬, 고운정다듬, 도드락다듬(25눈), 도드락다듬(64눈), 도드락다듬(100눈) 후 잔다듬(1회)까지를 기준으로 한 것이다.

11-12 잔다듬(2회)

(㎡당)

구분	규격	단위	수량	비고
한 식 석 공		인	4.19	
한 식 석 공 조 공		인	1.05	
공 구 손 료	인력품의 5%	식	1	

[주] 본 품은 할석된 석재면에 거친정다듬, 고운정다듬, 도드락다듬(25눈), 도드락다듬(64눈), 도드락다듬(100눈), 잔다듬(1회) 후 잔다듬(2회)까지를 기준으로 한 것이다.

11-13 잔다듬(3회)

(㎡당)

구분	규격	단위	수량	비고
한 식 석 공		인	4.71	
한 식 석 공 조 공		인	1.18	
공 구 손 료	인력품의 5%	식	1	

[주] 본 품은 할석된 석재면에 거친정다듬, 고운정다듬, 도드락다듬(25눈), 도드락다듬(64눈), 도드락다듬(100눈), 잔다듬(1회), 잔다듬(2회) 후 잔다듬(3회)까지를 기준으로 한 것이다.

11-14 거친돌쌓기

11-14-1 0.035㎥ 이하

(㎥당)

구분	규격	단위	수량	비고
한 식 석 공		인	1.27	
한 식 석 공 조 공		인	0.51	
보 통 인 부		인	0.26	
공 구 손 료	인력품의 5%	식	1	

[주] ① 본 품은 0.035㎥ 이하 거친돌을 인력으로 쌓기할 때를 기준으로 한 것이다.
② 본 품에는 소운반품이 포함되어 있다.

11-14-2 0.035㎥ 초과~0.3㎥ 미만

(㎥당)

구분	규격	단위	수량	비고
한 식 석 공		인	1.54	
한 식 석 공 조 공		인	0.62	
보 통 인 부		인	0.31	
공 구 손 료	인력품의 5%	식	1	

[주] ① 본 품은 0.035㎥ 초과~0.3㎥ 미만 거친돌을 인력으로 쌓기할 때를 기준으로 한 것이다.
② 본 품에는 소운반품이 포함되어 있다.

11-14-3 0.3㎥ 이상

(㎥당)

구분	규격	단위	수량	비고
한 식 석 공		인	1.66	
한 식 석 공 조 공		인	0.67	
보 통 인 부		인	0.34	
공 구 손 료	인력품의 5%	식	1	

[주] ① 본 품은 0.3㎥ 이상 거친돌을 인력으로 쌓기할 때를 기준으로 한 것이다.

② 본 품에는 소운반품이 포함되어 있다.

11-15 마름돌쌓기

11-15-1 0.035㎥ 이하

(㎥당)

구분	규격	단위	수량	비고
한 식 석 공		인	1.15	
한 식 석 공 조 공		인	0.46	
보 통 인 부		인	0.23	
공 구 손 료	인력품의 5%	식	1	

[주] ① 본 품은 0.035㎥ 이하 마름돌을 인력으로 쌓기할 때를 기준으로 한 것이다.

② 본 품에는 소운반품이 포함되어 있다.

③ 가구식 기단은 별도 계상한다.

11-15-2 0.035㎥ 초과~0.3㎥ 미만

(㎥당)

구분	규격	단위	수량	비고
한 식 석 공		인	1.46	
한 식 석 공 조 공		인	0.59	
보 통 인 부		인	0.3	
공 구 손 료	인력품의 5%	식	1	

[주] ① 본 품은 0.035㎥ 초과~0.3㎥ 미만 마름돌을 인력으로 쌓기할 때를 기준으로 한 것이다.

② 본 품에는 소운반품이 포함되어 있다.

③ 가구식 기단은 별도 계상한다.

11-15-3 0.3㎥ 이상

(㎥당)

구분	규격	단위	수량	비고
한 식 석 공		인	1.58	
한 식 석 공 조 공		인	0.63	
보 통 인 부		인	0.32	
공 구 손 료	인력품의 5%	식	1	

[주] ① 본 품은 0.3㎥ 이상 마름돌을 인력으로 쌓기할 때를 기준으로 한 것이다.

② 본 품에는 소운반품이 포함되어 있다.

③ 가구식 기단은 별도 계상한다.

11-16 채움석쌓기

(㎥당)

구분	규격	단위	수량	비고
한 식 석 공		인	0.52	
한 식 석 공 조 공		인	0.21	
보 통 인 부		인	0.11	
공 구 손 료	인력품의 5%	식	1	

[주] ① 본 품은 0.035㎥ 이하 채움석을 인력으로 쌓기할 때를 기준으로 한 것이다.
② 본 품에는 소운반품이 포함되어 있다.

11-17 거친돌해체(기계장비)

11-17-1 0.035㎥ 이하

(㎥당)

구분	규격	단위	수량	비고
한 식 석 공		인	0.63	
한 식 석 공 조 공		인	0.25	
보 통 인 부		인	0.13	
기 계 장 비		hr	0.72	
공 구 손 료	인력품의 5%	식	1	

[주] ① 본 품은 0.035㎥ 이하 거친돌을 묶고 기계장비로 들어올려 해체할 때를 기준으로 한 것이다.
② 본 품에는 소운반품이 포함되어 있다.

11-17-2 0.035㎥ 초과~0.3㎥ 미만

(㎥당)

구분	규격	단위	수량	비고
한 식 석 공		인	0.28	
한 식 석 공 조 공		인	0.11	
보 통 인 부		인	0.06	
기 계 장 비		hr	0.65	
공 구 손 료	인력품의 5%	식	1	

[주] ① 본 품은 0.035㎥ 초과~0.3㎥ 미만 거친돌을 묶고 기계장비로 들어올려 해체할 때를 기준으로 한 것이다.

② 본 품에는 소운반품이 포함되어 있다.

11-17-3 0.3㎥ 이상

(㎥당)

구분	규격	단위	수량	비고
한 식 석 공		인	0.09	
한 식 석 공 조 공		인	0.04	
보 통 인 부		인	0.02	
기 계 장 비		hr	0.29	
공 구 손 료	인력품의 5%	식	1	

[주] ① 본 품은 0.3㎥ 이상 거친돌을 묶고 기계장비로 들어올려 해체할 때를 기준으로 한 것이다.

② 본 품에는 소운반품이 포함되어 있다.

11-18 마름돌해체(기계장비)

11-18-1 0.035㎥ 이하

(㎥당)

구분	규격	단위	수량	비고
한 식 석 공		인	0.32	
한 식 석 공 조 공		인	0.14	
보 통 인 부		인	0.07	
기 계 장 비		hr	0.47	
공 구 손 료	인력품의 5%	식	1	

[주] ① 본 품은 0.035㎥ 이하 마름돌을 묶고 기계장비로 들어올려 해체할 때를 기준으로 한 것이다.

② 본 품에는 소운반품이 포함되어 있다.

11-18-2 0.035㎥ 초과~0.3㎥ 미만

(㎥당)

구분	규격	단위	수량	비고
한 식 석 공		인	0.14	
한 식 석 공 조 공		인	0.06	
보 통 인 부		인	0.03	
기 계 장 비		hr	0.42	
공 구 손 료	인력품의 5%	식	1	

[주] ① 본 품은 0.035㎥ 초과~0.3㎥ 미만 마름돌을 묶고 기계장비로 들어올려 해체할 때를 기준으로 한 것이다.

② 본 품에는 소운반품이 포함되어 있다.

11-18-3 0.3㎥ 이상

(㎥당)

구분	규격	단위	수량	비고
한 식 석 공		인	0.05	
한 식 석 공 조 공		인	0.03	
보 통 인 부		인	0.01	
기 계 장 비		hr	0.19	
공 구 손 료	인력품의 5%	식	1	

[주] ① 본 품은 0.3㎥ 이상 마름돌을 묶고 기계장비로 들어올려 해체할 때를 기준으로 한 것이다.
　② 본 품에는 소운반품이 포함되어 있다.

11-19 정다듬(전동공구)

(㎡당)

구분	규격	단위	수량	비고
한 식 석 공		인	0.1	
한 식 석 공 조 공		인	0.03	
공 구 손 료	인력품의 5%	식	1	

[주] 본 품은 기계로 석재형태를 가공한 상태에서 마감면을 전동공구에 정을 장착하여 정다듬할 때를 기준으로 한 것이다.

11-20 도드락다듬(25눈, 전동공구)

(m²당)

구분	규격	단위	수량	비고
한 식 석 공		인	0.28	
한 식 석 공 조 공		인	0.05	
공 구 손 료	인력품의 5%	식	1	

[주] 본 품은 기계로 석재형태를 가공한 상태에서 마감면을 전동공구에 도드락망치를 장착하여 도드락다듬(25눈)할 때를 기준으로 한 것이다.

11-21 도드락다듬(64눈, 전동공구)

(m²당)

구분	규격	단위	수량	비고
한 식 석 공		인	0.13	
한 식 석 공 조 공		인	0.04	
공 구 손 료	인력품의 5%	식	1	

[주] 본 품은 기계로 석재형태를 가공한 상태에서 마감면을 전동공구에 도드락망치를 장착하여 도드락다듬(64눈)할 때를 기준으로 한 것이다.

11-22 도드락다듬(100눈, 전동공구)

(m²당)

구분	규격	단위	수량	비고
한 식 석 공		인	0.1	
한 식 석 공 조 공		인	0.02	
공 구 손 료	인력품의 5%	식	1	

[주] 본 품은 기계로 석재형태를 가공한 상태에서 마감면을 전동공구에 도드락망치를 장착하여 도드락다듬(100눈)할 때를 기준으로 한 것이다.

11-23 거친돌쌓기(기계장비)

11-23-1 0.035㎥ 이하

(㎥당)

구분	규격	단위	수량	비고
한 식 석 공		인	0.54	
한 식 석 공 조 공		인	0.22	
보 통 인 부		인	0.11	
기 계 장 비		hr	2.33	
공 구 손 료	인력품의 5%	식	1	

[주] ① 본 품은 0.035㎥ 이하 거친돌을 묶고 기계장비로 들어올려 쌓기할 때를 기준으로 한 것이다.
② 본 품에는 소운반품이 포함되어 있다.

11-23-2 0.035㎥ 초과~0.3㎥ 미만

(㎥당)

구분	규격	단위	수량	비고
한 식 석 공		인	0.49	
한 식 석 공 조 공		인	0.2	
보 통 인 부		인	0.1	
기 계 장 비		hr	2.16	
공 구 손 료	인력품의 5%	식	1	

[주] ① 본 품은 0.035㎥ 초과~0.3㎥ 미만 거친돌을 묶고 기계장비로 들어올려 쌓기할 때를 기준으로 한 것이다.
② 본 품에는 소운반품이 포함되어 있다.

11-23-3 0.3㎥ 이상

(㎥당)

구분	규격	단위	수량	비고
한 식 석 공		인	0.31	
한 식 석 공 조 공		인	0.13	
보 통 인 부		인	0.07	
기 계 장 비		hr	1.42	
공 구 손 료	인력품의 5%	식	1	

[주] ① 본 품은 0.3㎥ 이상 거친돌을 묶고 기계장비로 들어올려 쌓기할 때를 기준으로 한 것이다.

② 본 품에는 소운반품이 포함되어 있다.

11-24 마름돌쌓기(기계장비)

11-24-1 0.035㎥ 이하

(㎥당)

구분	규격	단위	수량	비고
한 식 석 공		인	0.85	
한 식 석 공 조 공		인	0.34	
보 통 인 부		인	0.17	
기 계 장 비		hr	3.35	
공 구 손 료	인력품의 5%	식	1	

[주] ① 본 품은 0.035㎥ 이하 마름돌을 묶고 기계장비로 들어올려 쌓기할 때를 기준으로 한 것이다.

② 본 품에는 소운반품이 포함되어 있다.

③ 가구식 기단은 별도 계상한다.

11-24-2 0.035㎥ 초과~0.3㎥ 미만

(㎥당)

구분	규격	단위	수량	비고
한 식 석 공		인	0.82	
한 식 석 공 조 공		인.	0.33	
보 통 인 부		인	0.17	
기 계 장 비		hr	3.02	
공 구 손 료	인력품의 5%	식	1	

[주] ① 본 품은 0.035㎥ 초과~0.3㎥ 미만 마름돌을 묶고 기계장비로 들어올려 쌓기할 때를 기준으로 한 것이다.

② 본 품에는 소운반품이 포함되어 있다.

③ 가구식 기단은 별도 계상한다.

11-24-3 0.3㎥ 이상

(㎥당)

구분	규격	단위	수량	비고
한 식 석 공		인	0.47	
한 식 석 공 조 공		인	0.19	
보 통 인 부		인	0.1	
기 계 장 비		hr	1.15	
공 구 손 료	인력품의 5%	식	1	

[주] ① 본 품은 0.3㎥ 이상 마름돌을 묶고 기계장비로 들어올려 쌓기할 때를 기준으로 한 것이다.

② 본 품에는 소운반품이 포함되어 있다.

③ 가구식 기단은 별도 계상한다.

11-25 거친돌(박석)깔기

(㎡당)

구분	규격	단위	수량	비고
모 래		㎥	0.055	
한 식 석 공		인	1.35	
한 식 석 공 조 공		인	0.54	
보 통 인 부		인	0.27	
공 구 손 료	인력품의 5%	식	1	

[주] ① 본 품은 거친돌을 사용하여 바닥고르기, 박석깔기할 때를 기준으로 한 것이다.

② 박석두께는 150㎜를 기준으로 한 것이다.

③ 본 품에는 소운반품이 포함되어 있다.

④ 성곽상부의 박석깔기는 본 품의 20%를 적용하고, 모래는 제외한다.

⑤ 기초다짐은 별도 계상한다.

⑥ 박석은 설계수량으로 별도 계상한다.

⑦ 줄눈재료는 별도 계상한다.

11-26 마름돌(박석)깔기

(m²당)

구분	규격	단위	수량	비고
모 래		m³	0.055	
한 식 석 공		인	0.63	
한 식 석 공 조 공		인	0.25	
보 통 인 부		인	0.13	
공 구 손 료	인력품의 5%	식	1	

[주] ① 본 품은 마름돌을 사용하여 바닥고르기, 박석깔기할 때를 기준으로 한 것이다.

② 박석두께는 150mm를 기준으로 한 것이다.

③ 본 품에는 소운반품이 포함되어 있다.

④ 기초다짐은 별도 계상한다.

⑤ 박석은 설계수량으로 별도 계상한다.

⑥ 줄눈재료는 별도 계상한다.

11-27 여장쌓기

(㎥당)

구 분	규격	단위	수량	비고
한 식 석 공		인	1.58	
한 식 석 공 조 공		인	0.63	
보 통 인 부		인	0.32	
공 구 손 료	인력품의 5%	식	1	

[주] ① 본 품은 석재를 사용하여 여장설치할 때를 기준으로 한 것이다.
② 본 품에는 소운반품이 포함되어 있다.
③ 옥개설치는 석공사 돌쌓기에 준한다.
④ 속채움은 별도 계상한다.
⑤ 전벽돌 여장을 설치할 경우에는 "6-3 전돌벽쌓기"에 준하고, 옥개설치는 석공사 돌쌓기에 준한다.

11-28 거친돌계단해체

(㎥당)

구 분	규격	단위	수량	비고
한 식 석 공		인	0.65	
한 식 석 공 조 공		인	0.26	
보 통 인 부		인	0.13	
공 구 손 료	인력품의 3%	식	1	

[주] ① 본 품은 부재번호매기기, 디딤돌해체, 해체부재 운반·정리까지를 기준으로 한 것이다.
② 본 품에는 소운반품이 포함되어 있다.
③ 뒤채움 해체는 별도 계상한다.

11-29 거친돌계단설치

(㎥당)

구분	규격	단위	수량	비고
한 식 석 공		인	3.44	
한 식 석 공 조 공		인	1.37	
보 통 인 부		인	0.69	
공 구 손 료	인력품의 3%	식	1	

[주] ① 본 품은 규준틀설치(기준실치기), 돌고르기, 부재운반, 디딤돌설치까지를 기준으로 한 것이다.

② 본 품에는 소운반품이 포함되어 있다.

③ 뒤채움 설치는 별도 계상한다.

11-30 마름돌계단설치

(㎥당)

구분	규격	단위	수량	비고
한 식 석 공		인	1.77	
한 식 석 공 조 공		인	0.71	
보 통 인 부		인	0.36	
공 구 손 료	인력품의 3%	식	1	

[주] ① 본 품은 규준틀설치(기준실치기), 부재운반, 디딤돌설치까지를 기준으로 한 것이다.

② 본 품에는 소운반품이 포함되어 있다.

③ 뒤채움 채우기는 별도 계상한다.

④ 소맷돌 설치는 별도 계상한다.

11-31 마름돌계단해체

(㎥당)

구분	규격	단위	수량	비고
한 식 석 공		인	0.68	
한 식 석 공 조 공		인	0.27	
보 통 인 부		인	0.14	
공 구 손 료	인력품의 3%	식	1	

[주] ① 본 품은 해체 전 부재번호를 매긴 후 디딤돌을 하나씩 해체하여 보관장소까지 인력으로 운반하는 작업까지를 기준으로 한 것이다.
② 본 품에는 소운반품이 포함되어 있다.
③ 소맷돌해체는 별도 계상한다.
④ 뒤채움해체는 별도 계상한다.

11-32 정다듬(거친다듬, 무쇠정)

(㎡당)

구분	규격	단위	수량	비고
한 식 석 공		인	1.34	
한 식 석 공 조 공		인	0.34	
한 식 철 물 공		인	0.78	정벼리기
공 구 손 료	인력품의 5%	식	1	

[주] ① 본 품은 할석된 석재면에 먹긋기를 하고 무쇠정으로 거친정다듬 할 때를 기준으로 한 것이다.
② 정벼리기에 소요되는 설비와 재료는 별도 계상한다.

11-33 정다듬(고운다듬, 무쇠정)

(m²당)

구분	규격	단위	수량	비고
한 식 석 공		인	2.34	
한 식 석 공 조 공		인	0.59	
한 식 철 물 공		인	1.37	정벼리기
공 구 손 료	인력품의 5%	식	1	

[주] ① 본 품은 할석된 석재면에 먹긋기를 하고 무쇠정으로 고운정다듬 할 때를 기준으로 한 것이다.

② 정벼리기에 소요되는 설비와 재료는 별도 계상한다.

11-34 할석(전동공구)

(인)

	원석(m³) 할석(m³)	3.24	1.08	0.54	0.27	0.14	0.07
한식석공	1.08	0.076					
	0.54	0.165	0.03				
	0.27	0.292	0.072	0.021			
	0.14	0.495	0.139	0.055	0.017		
	0.07	0.799	0.241	0.106	0.042	0.013	
	0.035	1.205	0.376	0.173	0.076	0.03	0.008

[주] ① 본 품은 3.24m³(1.8m×1.5m×1.2m) 정도 규격의 원석을 전동공구(착암기 등)를 사용하여 할석할 때를 기준으로 한 것이다.

② 공구손료는 인력품의 5%로 계상한다.

11-35 형태가공(전동공구)

11-35-1 원형

(㎡당)

구분	규격	단위	수량	비고
한 식 석 공		인	0.59	
한 식 석 공 조 공		인	0.15	
공 구 손 료	인력품의 5%	인	1	

[주] ① 본 품은 전동공구(그라인더 등)를 사용하여 단면이 원형인 초석 등을 가공할 때를 기준으로 한 것이다.

11-35-2 사각형

(㎡당)

구분	규격	단위	수량	비고
한 식 석 공		인	0.49	
한 식 석 공 조 공		인	0.12	
공 구 손 료	인력품의 5%	식	1	

[주] ① 본 품은 전동공구(그라인더 등)를 사용하여 단면이 사각형인 초석, 장대석 등을 가공할 때를 기준으로 한 것이다.

제12장

석조물공사

2023 문화재수리 표준품셈

제12장 석조물공사

12-0 적용기준

1. 비계매기는 필요 시 별도 계상한다.

2. 치석 수량산출은 석공사에 따른다.

3. 소규모 공사
   석조물공사 수량이 3㎥ 이하일 경우에는 인력품을 50% 가산한다.
   단, 제1장 적용기준의 소단위공사와 둘 중 하나만을 적용한다.

4. 편수산정기준은 다음과 같다.
   ① 석조물조립 3㎥당 1인
   ② 석조물해체 4㎥당 1인

5. 수량산출기준은 다음과 같다.

구분	단위	산출식	비고
석 탑 해 체 · 설 치	㎥	a×b×h	부재체적
승 탑 해 체 · 설 치			
석 등 해 체 · 설 치			
석 비 해 체 · 설 치			
홍 예 해 체 · 설 치			

[주] ① a:변의 길이(가로), b:변의 길이(세로), h:높이
   ② 수량산출은 마감치수(설계도면치수)를 기준으로 한다.

③ 수량산출기준 도식
  ㉮ 석탑옥개석 : 최대단면기준
    체적 : a×a×h
    면적 : (a×a×2면)+(a×h×4면)

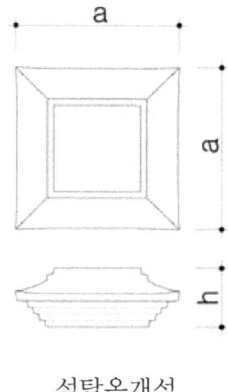

석탑옥개석

  ㉯ 홍예석 : 부채꼴 구적공식
    체적 : θ/360°×π×(R^2-r^2)×t
    면적 : θ/360°×π×(R^2-r^2) + θ/360°×2π(R+r)×t + 2(R−r)×t
    (R:부채꼴 큰호의 반지름, r:부채꼴 작은호의 반지름, θ:부채꼴의 각도, t:두께)

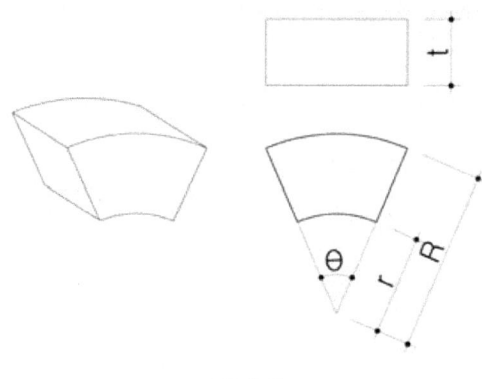

홍예석

㈐ 홍예의 수량산출은 홍예석만을 산출한다.

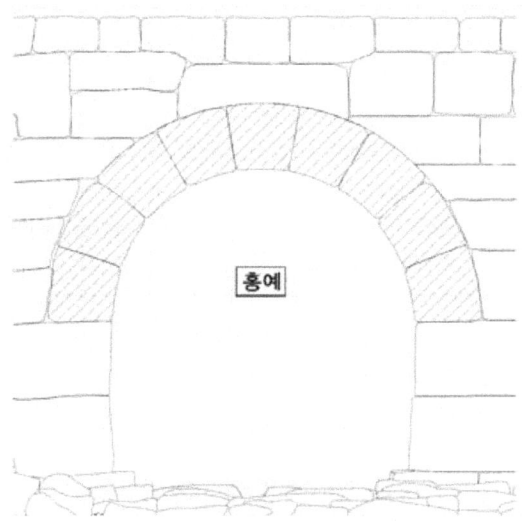

12-1 석탑해체

(㎥당)

구분	규격	단위	수량	비고
드잡이공		인	1.21	
한식석공조공		인	0.67	
보통인부		인	0.69	
공구손료	인력품의 3%	식	1	

[주] ① 본 품은 한식진폴을 사용하여 3층석탑의 탑신부, 기단부해체까지를 기준으로 한 것이며, 상륜부해체는 별도 계상한다.

② 본 품에는 소운반품과 한식진폴을 가설이동하는 품이 포함되어 있다.

③ 5층 이상 또는 5m 이상일 때는 품의 50%를 가산한다

④ 실측조사는 품의 50%를 가산한다.

⑤ 한식진폴 조립·해체와 가설비계는 별도 계상한다.

⑥ 채움석해체는 별도 계상한다.

⑦ 보양이 필요한 경우에는 별도 계상한다.

⑧ 잡재료는 별도 계상한다.

12-2 승탑해체

(㎥당)

구분	규격	단위	수량	비고
드잡이공		인	0.52	
한식석공조공		인	0.29	
보통인부		인	0.3	
공구손료	인력품의 3%	식	1	

[주] ① 본 품은 한식진폴을 사용하여 2m 이하 승탑의 상륜부, 탑신부, 기단부해체까지를 기준으로 한 것이다.

② 본 품에는 소운반품과 한식진폴을 가설이동하는 품이 포함되어 있다.

③ 실측조사는 품의 50%를 가산한다.

④ 한식진폴 조립·해체와 가설비계는 별도 계상한다.

⑤ 보양이 필요한 경우에는 별도 계상한다.

⑥ 잡재료는 별도 계상한다.

12-3 석등해체

(㎥당)

구분	규격	단위	수량	비고
드잡이공		인	0.95	
한식석공조공		인	0.52	
보통인부		인	0.54	
공구손료	인력품의 3%	식	1	

[주] ① 본 품은 한식진폴을 사용하여 3m 이하 석등의 상륜부, 탑신부, 기단부해체까지를 기준으로 한 것이다.

② 본 품에는 소운반품과 한식진폴을 가설이동하는 품이 포함되어있다.

③ 실측조사는 품의 50%를 가산한다.

④ 한식진폴 조립·해체와 가설비계는 별도 계상한다.

⑤ 보양이 필요한 경우에는 별도 계상한다.

⑥ 잡재료는 별도 계상한다.

12-4 석비해체

(㎥당)

구분	규격	단위	수량	비고
드잡이공		인	1.33	
한식석공조공		인	0.73	
보통인부		인	0.76	
공구손료	인력품의 3%	식	1	

[주] ① 본 품은 한식진폴을 사용하여 3m 이하 석비의 비개석, 비신석, 비대석해체까지를 기준으로 한 것이다.

② 본 품에는 소운반품과 한식진폴을 가설이동하는 품이 포함되어 있다.

③ 실측조사는 품의 50%를 가산한다.

④ 한식진폴 조립·해체와 가설비계는 별도 계상한다.

⑤ 보양이 필요한 경우에는 별도 계상한다.

⑥ 잡재료는 별도 계상한다.

12-5 홍예해체

(㎥당)

구분	규격	단위	수량	비고
드잡이공		인	1.43	
한식석공조공		인	0.79	
보통인부		인	0.82	
공구손료	인력품의 3%	식	1	

[주] ① 본 품은 한식진폴을 사용하여 홍예성문의 홍예(아치)부분을 해체할 때를 기준으로 한 것이다.

② 본 품에는 소운반품과 한식진폴을 가설이동하는 품이 포함되어있다.

③ 실측조사는 품의 50%를 가산한다.

④ 한식진폴 조립·해체와 가설비계는 별도 계상한다.

⑤ 보양이 필요한 경우에는 별도 계상한다.

⑥ 잡재료는 별도 계상한다.

12-6 석탑조립

(㎥당)

구분	규격	단위	수량	비고
드잡이공		인	1.75	
한식석공		인	0.35	
한식석공조공		인	0.69	
보통인부		인	0.72	
공구손료	인력품의 5%	식	1	

[주] ① 본 품은 한식진폴을 사용하여 3층석탑의 기단부, 탑신부조립까지를 기준으로 한 것이며, 상륜부조립은 별도 계상한다.

② 본 품에는 소운반품과 한식진폴을 가설이동하는 품이 포함되어 있다.

③ 5층 이상 또는 5m 이상일 때는 품의 50%를 가산한다.

④ 한식진폴 조립·해체와 가설비계는 별도 계상한다.

⑤ 채움석쌓기는 별도 계상한다.

⑥ 은장맞춤은 별도 계상한다.

⑦ 보양이 필요한 경우에는 별도 계상한다.

⑧ 잡재료는 별도 계상한다.

12-7 승탑조립

(㎥당)

구분	규격	단위	수량	비고
드잡이공		인	0.85	
한식석공		인	0.17	
한식석공조공		인	0.34	
보통인부		인	0.35	
공구손료	인력품의 5%	식	1	

[주] ① 본 품은 한식진폴을 사용하여 2m 이하 승탑의 기단부, 탑신부, 상륜부조립까지를 기준으로 한 것이다.

② 본 품에는 소운반품과 한식진폴을 가설이동하는 품이 포함되어 있다.

③ 한식진폴 조립·해체와 가설비계는 별도 계상한다.

④ 보양이 필요한 경우에는 별도 계상한다.

⑤ 잡재료는 별도 계상한다.

12-8 석등조립

(㎥당)

구분	규격	단위	수량	비고
드잡이공		인	1.72	
한식석공		인	0.35	
한식석공조공		인	0.67	
보통인부		인	0.71	
공구손료	인력품의 5%	식	1	

[주] ① 본 품은 한식진폴을 사용하여 3m 이하 석등의 기단부, 탑신부, 상륜부조립까지를 기준으로 한 것이다.

② 본 품에는 소운반품과 한식진폴을 가설이동하는 품이 포함되어 있다.

③ 한식진폴 조립·해체와 가설비계는 별도 계상한다.

④ 보양이 필요한 경우에는 별도 계상한다.

⑤ 잡재료는 별도 계상한다.

12-9 석비조립

(㎥당)

구 분	규 격	단위	수량	비고
드잡이공		인	1.57	
한식석공		인	0.32	
한식석공조공		인	0.61	
보통인부		인	0.65	
공구손료	인력품의 5%	식	1	

[주] ① 본 품은 한식진폴을 사용하여 3m 이하 석비의 비대석, 비신석, 비개석조립까지를 기준으로 한 것이다.

② 본 품에는 소운반품과 한식진폴을 가설이동하는 품이 포함되어있다.

③ 한식진폴 조립·해체와 가설비계는 별도 계상한다.

④ 보양이 필요한 경우에는 별도 계상한다.

⑤ 잡재료는 별도 계상한다.

12-10 홍예조립

(m³당)

구분	규격	단위	수량	비고
드잡이공		인	1.97	
한식석공		인	0.4	
한식석공조공		인	0.77	
보통인부		인	0.81	
공구손료	인력품의 5%	식	1	

[주] ① 본 품은 한식진폴을 사용하여 홍예성문의 홍예(아치)부분을 조립할 때를 기준으로 한 것이다.

② 본 품에는 소운반품과 한식진폴을 가설이동하는 품이 포함되어있다.

③ 한식진폴 조립·해체와 가설비계는 별도 계상한다.

④ 은장맞춤은 별도 계상한다.

⑤ 보양이 필요한 경우에는 별도 계상한다.

⑥ 잡재료는 별도 계상한다.

제13장

단청공사

2023 문화재수리 표준품셈

제13장 단청공사

13-0 적용기준

1. 붓칠을 기준으로 한 것이다.

2. 비계매기는 필요 시 "2-5 강관비계매기(미장·단청공사용)"에 따른다.

3. 지면으로부터 3.6m 이상~6.0m 이하일 경우에는 인력품을 20% 가산하고, 6.0m를 초과할 경우에는 매 3.0m마다 각각 10%씩 가산한다.

4. 고색단청

    고색단청할 때는 다음 기준에 따라 가칠, 긋기, 모로, 금모로, 금단청 항목에 고색 조채에 필요한 인력품(특수화공)을 1회 별도 가산한다.

    ① 고색단청면적 20㎡ 이하일 경우
      - 가칠 : 0.14인
      - 긋기 : 0.70인
      - 모로, 금모로, 금단청 : 1.82인

    ② 고색단청면적 20㎡ 초과할 경우
      - 가칠 : 0.21인
      - 긋기 : 1.05인
      - 모로, 금모로, 금단청 : 2.73인

5. 소규모 공사

    단청공사 수량이 15㎡ 이하일 경우에는 인력품을 50% 가산한다.
    단, 제1장 적용기준의 소단위공사와 둘 중 하나만을 적용한다.

6. 편수산정기준은 다음과 같으며, 모로단청, 금모로단청, 금단청, 별화, 벽화에 적용한다.

    채색 : 15㎡당 1인

7. 수량산출기준은 다음과 같다.

구분	단위		산출식	비고
원형부재	m²	면	$2 \times \pi \times r \times L$	
		마구리	$\pi \times r^2$	
각형부재	m²	면	(a 또는 b)$\times L \times$면의 수	
		마구리	$a \times b$	
판재	m²	면	$a \times b$	

[주] ① a:가로, b:세로, r:반지름, L:부재길이
② 원형부재는 기둥, 굴도리, 서까래, 선자서까래, 동자기둥을 말한다.
③ 각형부재는 보, 창방, 평방, 납도리, 장여, 인방, 벽선, 부연, 목기연, 평고대, 추녀, 사래, 살미, 첨차, 익공, 대공, 보아지, 갈모산방, 포대공, 주두, 소로를 말한다.
④ 판재는 개판, 박공널, 풍판, 착고판, 판대공, 화반을 말한다.
⑤ 따내기, 홈파기, 파내기, 그레질, 후리기, 바데떼기, 모접기, 소매걷이 및 이에 준하는 것의 면적은 공제하지 아니한다.
⑥ 부재마다 가칠 면적과 단청문양별(긋기, 모로, 금모로, 금단청) 면적을 각각 산출한다.
⑦ 수량산출도식

 ㉮ 대량, 창방, 평방, 장여, 납도리, 인방 등 : 최대단면 기준

 – 측면

  모로단청 : $b \times L \times 2$면(가칠)
       $b \times L_1 \times 2 \times 2$면(채색)

  금·금모로단청 : $b \times L \times 2$면(가칠)
         $b \times L \times 2$면(채색)

 – 밑면 : 벽체의 유무에 따라 가감한다.

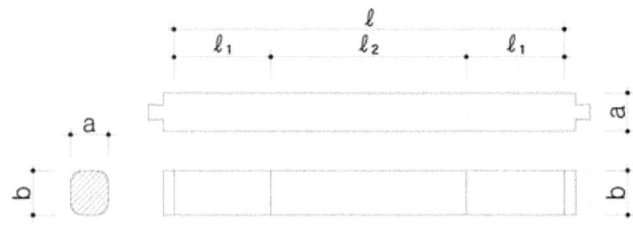

창방

㈏ 평서까래 : 주심도리 위 최대단면 기준
- 뒤뿌리 비노출 : $2 \times \pi \times r \times L_1$(가칠)
  $2 \times \pi \times r \times L_1$(채색)
- 뒤뿌리 노출 : $2 \times \pi \times r \times L$(가칠)
  $2 \times \pi \times r \times L_1$(채색)
- 마구리 : $\pi \times r^2$

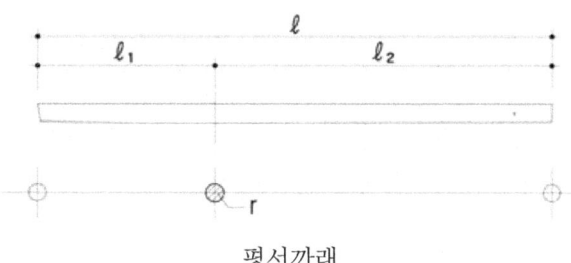

평서까래

㈐ 선자서까래 : 주심도리 위 최대단면 기준
- 뒤뿌리 비노출 : $2 \times \pi \times r \times L_1$(가칠)
  $2 \times \pi \times r \times L_1$(채색)
- 뒤뿌리 노출 : $2 \times \pi \times r \times L_1 + 2 \times r \times L_2 \times 1/2$(가칠)
  $2 \times \pi \times r \times L_1$(채색)
- 마구리 : $\pi \times r^2$

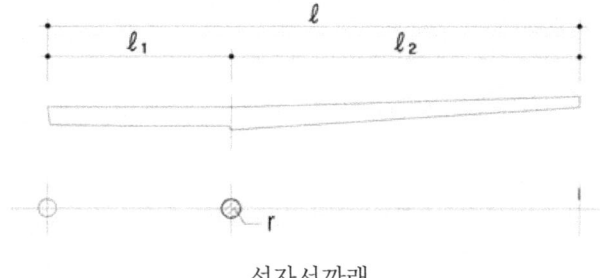

선자서까래

㉣ 부연, 목기연 등 : 최대단면 기준
  - 밑면 : $a \times L_1$
  - 측면 : $b \times L_1 \times 2$면
  - 마구리 : $a \times b$

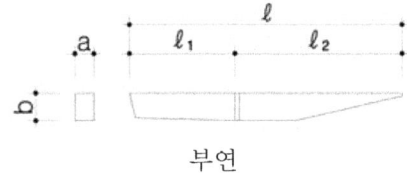

부연

㉤ 살미, 첨차, 익공 등 : 최대단면 기준
  - 밑면 : $a \times L$
  - 측면 : $b \times L \times 2$면
  - 마구리 : $a \times b \times 2$면

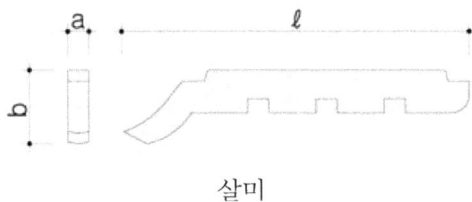

살미

㉥ 주두·소로 : 최대단면 기준
  - 측면 : $a \times h \times 4$면

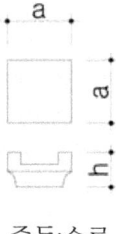

주두·소로

13-1 문양초본도

13-1-1 모로단청

(㎡당)

구분	규격	단위	수량	비고
투 사 지	1,100mm×1,100mm	매	1	
특 수 화 공		인	1.1	
공 구 손 료	인력품의 2%	식	1	

[주] ① 본 품은 모로단청의 기존 단청문양을 있는 원형대로 그려 문양초본도를 작성할 때를 기준으로 한 것이다.
② 본 품은 투사, 문양초본도작성까지를 기준으로 한 것이다.
③ 비계매기는 필요 시 "2-5 강관비계매기(미장·단청공사용)"에 따른다.

13-1-2 금모로단청

(㎡당)

구분	규격	단위	수량	비고
투 사 지	1,100mm×1,100mm	매	1	
특 수 화 공		인	1.4	
공 구 손 료	인력품의 2%	식	1	

[주] ① 본 품은 금모로단청의 기존 단청문양을 있는 원형대로 그려 문양초본도를 작성할 때를 기준으로 한 것이다.
② 본 품은 투사, 문양초본도작성까지를 기준으로 한 것이다.
③ 비계매기는 필요 시 "2-5 강관비계매기(미장·단청공사용)"에 따른다.

13-1-3 금단청

(㎡당)

구 분	규 격	단위	수량	비고
투 사 지	1,100mm×1,100mm	매	1	
특 수 화 공		인	2.61	
공 구 손 료	인력품의 2%	식	1	

[주] ① 본 품은 금단청의 기존 단청문양을 있는 원형대로 그려 문양초본도를 작성할 때를 기준으로 한 것이다.

② 본 품은 투사, 문양초본도작성까지를 기준으로 한 것이다.

③ 비계매기는 필요 시 "2-5 강관비계매기(미장·단청공사용)"에 따른다.

13-2 문양모사도

13-2-1 모로단청

(㎡당)

구 분	규 격	단위	수량	비고
투 사 지	1,100mm×1,100mm	매	1	
모 조 지	1,100mm×1,100mm	매	1	
특 수 화 공		인	2.07	
공 구 손 료	인력품의 2%	식	1	

[주] ① 본 품은 모로단청의 문양모사도를 작성할 때를 기준으로 한 것이다.

② 본 품은 투사, 문양초본도작성, 천초, 바탕색칠하기, 타분, 채색까지를 기준으로 한다.

③ 비계매기는 필요 시 "2-5 강관비계매기(미장·단청공사용)"에 따른다.

④ 재료는 "13-14 모로단청"에 준하여 적용한다.

13-2-2 금모로단청

(㎡당)

구분	규격	단위	수량	비고
투 사 지	1,100mm×1,100mm	매	1	
모 조 지	1,100mm×1,100mm	매	1	
특 수 화 공		인	3.19	
공 구 손 료	인력품의 2%	식	1	

[주] ① 본 품은 금모로단청의 문양모사도를 작성할 때를 기준으로 한 것이다.
　　② 본 품은 투사, 문양초본도작성, 천초, 바탕색칠하기, 타분, 채색까지를 기준으로 한다.
　　③ 비계매기는 필요 시 "2-5 강관비계매기(미장·단청공사용)"에 따른다.
　　④ 재료는 "13-15 금모로단청"에 준하여 적용한다.

13-2-3 금단청

(㎡당)

구분	규격	단위	수량	비고
투 사 지	1,100mm×1,100mm	매	1	
모 조 지	1,100mm×1,100mm	매	1	
특 수 화 공		인	5.59	
공 구 손 료	인력품의 2%	식	1	

[주] ① 본 품은 금단청의 문양모사도를 작성할 때를 기준으로 한 것이다.
　　② 본 품은 투사, 문양초본도작성, 천초, 바탕색칠하기, 타분, 채색까지를 기준으로 한다.
　　③ 비계매기는 필요 시 "2-5 강관비계매기(미장·단청공사용)"에 따른다.
　　④ 재료는 "13-16 금단청"에 준하여 적용한다.

13-3 문양견본도

13-3-1 모로단청

(㎡당)

구분	규격	단위	수량	비고
모 조 지	1,100mm×1,100mm	매	1	
특 수 화 공		인	1.1	
공 구 손 료	인력품의 2%	식	1	

[주] ① 본 품은 모로단청의 단청문양을 미리 그려 견본으로 사용하기 위한 문양견본도를 작성할 때를 기준으로 한 것이다.

② 본 품은 바탕색칠하기, 타분, 채색까지를 기준으로 한다.

③ 타초본만들기는 "13-4 타초본만들기"에 따른다.

④ 재료는 "13-14 모로단청"에 준하여 적용한다.

13-3-2 금모로단청

(㎡당)

구분	규격	단위	수량	비고
모 조 지	1,100mm×1,100mm	매	1	
특 수 화 공		인	1.31	
공 구 손 료	인력품의 2%	식	1	

[주] ① 본 품은 금모로단청의 단청문양을 미리 그려 견본으로 사용하기 위한 문양견본도를 작성할 때를 기준으로 한 것이다.

② 본 품은 바탕색칠하기, 타분, 채색까지를 기준으로 한다.

③ 타초본만들기는 "13-4 타초본만들기"에 따른다.

④ 재료는 "13-15 금모로단청"에 준하여 적용한다.

13-3-3 금단청

(m²당)

구분	규격	단위	수량	비고
모 조 지	1,100mm×1,100mm	매	1	
특 수 화 공		인	1.56	
공 구 손 료	인력품의 2%	식	1	

[주] ① 본 품은 금단청의 단청문양을 미리 그려 견본으로 사용하기 위한 문양견본도를 작성할 때를 기준으로 한 것이다.
② 본 품은 바탕색칠하기, 타분, 채색까지를 기준으로 한다.
③ 타초본만들기는 "13-4 타초본만들기"에 따른다.
④ 재료는 "13-16 금단청"에 준하여 적용한다.

13-4 타초본만들기

13-4-1 출초(모로단청)

(m²당)

구분	규격	단위	수량	비고
한 지	1,100mm×1,100mm	매	1	
특 수 화 공		인	0.48	
공 구 손 료	인력품의 2%	식	1	

[주] 본 품은 모로단청의 문양을 그리기 위하여 두꺼운 한지 등의 초지에 문양을 초내기할 때를 기준으로 한 것이다.

13-4-2 출초(금모로단청)

(m²당)

구분	규격	단위	수량	비고
한 지	1,100mm×1,100mm	매	1	
특 수 화 공		인	0.66	
공 구 손 료	인력품의 2%	식	1	

[주] 본 품은 금모로단청의 문양을 그리기 위하여 두꺼운 한지 등의 초지에 문양을 초내기할 때를 기준으로 한 것이다.

13-4-3 출초(금단청)

(m²당)

구분	규격	단위	수량	비고
한 지	1,100mm×1,100mm	매	1	
특 수 화 공		인	0.82	
공 구 손 료	인력품의 2%	식	1	

[주] 본 품은 금단청의 문양을 그리기 위하여 두꺼운 한지 등의 초지에 문양을 초내기할 때를 기준으로 한 것이다.

13-4-4 천초(모로단청)

(m²당)

구분	규격	단위	수량	비고
화 공		인	0.38	
공 구 손 료	인력품의 2%	식	1	

[주] 본 품은 모로단청의 문양을 그린 초지에 촛바늘을 사용하여 천초할 때를 기준으로 한 것이다.

13-4-5 천초(금모로단청)

(㎡당)

구분	규격	단위	수량	비고
화 공		인	0.41	
공 구 손 료	인력품의 2%	식	1	

[주] 본 품은 금모로단청의 문양을 그린 초지에 촛바늘을 사용하여 천초할 때를 기준으로 한 것이다.

13-4-6 천초(금단청)

(㎡당)

구분	규격	단위	수량	비고
화 공		인	0.63	
공 구 손 료	인력품의 2%	식	1	

[주] 본 품은 금단청의 문양을 그린 초지에 촛바늘을 사용하여 천초할 때를 기준으로 한 것이다.

13-5 면닦기(바탕면만들기 포함)

13-5-1 수리

(㎡당)

구분	규격	단위	수량	비고
화 공		인	0.1	
공 구 손 료	인력품의 5%	식	1	

[주] ① 본 품은 재사용 부재를 기준으로 한 것이다.
　　② 본 품에는 단청을 위한 면닦기, 바탕면만들기 품이 포함되어 있다.
　　③ 기존 단청의 제거품은 별도 계상한다.

13-5-2 신축

(㎡당)

구분	규격	단위	수량	비고
화 공		인	0.02	
공구손료	인력품의 5%	식	1	

[주] ① 본 품은 수리 중 새로 보충하는 신재 또는 신축 건물의 부재를 기준으로 한 것이다.
② 본 품에는 단청을 위한 면닦기, 바탕면만들기 품이 포함되어 있다.

13-6 바탕면포수(아교)

(㎡당)

구분	규격	단위	수량	비고
화 공		인	0.01	
공구손료	인력품의 5%	식	1	

[주] ① 본 품에는 아교끓이기가 포함되어 있으며, 2회 붓칠하여 바탕면포수할 때를 기준으로 한 것이다.
② 재료는 설계수량으로 별도 계상한다.
③ 비계매기는 필요 시 "2-5 강관비계매기(미장·단청공사용)"에 따른다.
④ 면닦기품은 "13-5 면닦기(바탕면만들기 포함)"에 따른다.

13-7 바탕면포수(아크릴에멀죤)

(㎡당)

구분	규격	단위	수량	비고
아크릴에멀죤		L	0.23	
화　　　공		인	0.01	
공 구 손 료	인력품의 5%	식	1	

[주] ① 본 품은 아크릴에멀죤으로 2회 붓칠하여 바탕면포수할 때를 기준으로 한 것이다.

　　② 비계매기는 필요 시 "2-5 강관비계매기(미장·단청공사용)"에 따른다.

　　③ 면닦기품은 "13-5 면닦기(바탕면만들기 포함)"에 따른다.

13-8 석간주가칠

(㎡당)

구분	규격	단위	수량	비고
Iron Oxide Red		g	95	
아　　　교		g	39	
화　　　공		인	0.03	
공 구 손 료	인력품의 3%	식	1	

[주] ① 본 품은 2회 가칠을 기준으로 한 것이다.

　　② 비계매기는 필요 시 "2-5 강관비계매기(미장·단청공사용)"에 따른다.

13-9 뇌록가칠

(㎡당)

구분	규격	단위	수량	비고
Phytalo Cyanine Green		g	11.3	
Ultramarine Blue		g	10.25	
Titanium Dioxide R760		g	2	
Iron Oxide Yellow		g	3	
호 분		g	60	
밀 가 루		g	11.2	
아 교		g	39	
화 공		인	0.05	
공 구 손 료	인력품의 3%	식	1	

[주] ① 본 품은 2회 가칠을 기준으로 한 것이다.

② 비계매기는 필요 시 "2-5 강관비계매기(미장·단청공사용)"에 따른다.

13-10 뇌록가칠(창호)

(m²당)

구분	규격	단위	수량	비고
Phytalo Cyanine Green		g	11.3	
Ultramarine Blue		g	10.25	
Titanium Dioxide R760		g	2	
Iron Oxide Yellow		g	3	
호 분		g	60	
밀 가 루		g	11.2	
아 교		g	39	
화 공		인	0.33	
공 구 손 료	인력품의 3%	식	1	

[주] ① 본 품은 세살창호를 2회 가칠할 때를 기준으로 한 것이다.
② 창호설치 및 해체품은 별도 계상한다.

13-11 타분

(m²당)

구분	규격	단위	수량	비고
백 분 (호 분)		g	40	
화 공		인	0.03	

13-12 먹긋기

(㎡당)

구분	규격	단위	수량	비고
Phytalo Cyanine Green		g	7.3	
Ultramarine Blue		g	6.25	
Titanium Dioxide R760		g	1.4	
Iron Oxide yellow		g	2.1	
Permanent Black				
P.R Colonyl		g	7.5	
호　　　　분		g	83.3	
밀　　가　　루		g	8.2	
아　　　　교		g	5.3	
화　　　　공		인	0.09	
공　구　손　료	인력품의 3%	식	1	

[주] ① 가칠은 별도 계상한다
② 비계매기는 필요 시 "2-5 강관비계매기(미장·단청공사용)"에 따른다.

13-13 색긋기

(㎡당)

구분	규격	단위	수량	비고
Phytalo Cyanine Green		g	7.3	
Ultramarine Blue		g	6.25	
Titanium Dioxide R760		g	1.4	
Iron Oxide yellow		g	2.1	
호　　　　　분		g	83.3	
밀　　가　　루		g	8.2	
아　　　　　교		g	103.3	
Emerald Green		g	25	
Toluidine Red		g	2.5	
Permanent Black				
P.R Colonyl		g	10.7	
Permanent Orange G		g	4.6	
Lead Red		g	13.8	
화　　　　　공		인	0.18	
공　구　손　료	인력품의 3%	식	1	

[주] ① 가칠은 별도 계상한다
　　② 비계매기는 필요 시 "2-5 강관비계매기(미장·단청공사용)"에 따른다.

13-14 모로단청

(㎡당)

구분	규격	단위	수량	비고
Phytalo Cyanine Green		g	7.3	
Ultramarine Blue		g	21.75	
Titanium Dioxide R760		g	36	
Iron Oxide Yellow		g	2.1	
호　　　　　　분		g	78.3	
밀　　가　　루		g	8.2	
아　　　　　　교		g	69.3	
Emerald Green		g	76.9	
Permanent Orange G		g	13.4	
Lead Red		g	40.6	
Cobalt Blue		g	36.4	
Iron Oxide Red		g	27.5	
Permanent Yellow		g	5.3	
Chrome Yellow		g	15.7	
이 산 화 크 롬		g	4.7	
Permanent Black				
P.R Colonyl		g	14.4	
Toluidine Red		g	12	
특　수　화　공		인	0.25	
화　　　　　공		인	0.28	
공　구　손　료	인력품의 3%	식	1	

[주] ① 가칠은 별도 계상한다
　　② 비계매기는 필요 시 "2-5 강관비계매기(미장·단청공사용)"에 따른다.
　　③ 타초본만들기품은 "13-4 타초본만들기"에 따른다.
　　④ 콘크리트건물일 경우에는 아교를 대체하여 아크릴에멀죤 150g을 사용한다.

13-15 금모로단청

(㎡당)

구분	규격	단위	수량	비고
Phytalo Cyanine Green		g	7.3	
Titanium Dioxide R760		g	47.4	
Ultramarine Blue		g	29.55	
Iron Oxide Yellow		g	2.1	
호　　　　　　　분		g	78.3	
밀　　　가　　　루		g	8.2	
아　　　　　　　교		g	91	
Emerald Green		g	86.19	
Permanent Orange G		g	13.95	
Lead Red		g	46.7	
Cobalt Blue		g	43.56	
Iron Oxide Red		g	28.4	
Permanent Yellow		g	5.0	
Chrome Yellow		g	15.2	
Chrome Oxide Green		g	5.8	
Permanent Black				
P.R Colonyl		g	16.4	
Toluidine Red		g	13	
특　수　화　공		인	0.36	
화　　　　　공		인	0.60	
공　구　손　료	인력품의 3%	식	1	

[주] ① 가칠은 별도 계상한다
　　 ② 비계매기는 필요 시 "2-5 강관비계매기(미장·단청공사용)"에 따른다.
　　 ③ 타초본만들기품은 "13-4 타초본만들기"에 따른다.

13-16 금단청

(m²당)

구분	규격	단위	수량	비고
Phytalo Cyanine Green		g	7.3	
Ultramarine Blue		g	29.55	
Titanium Dioxide R760		g	47.4	
Iron Oxide Yellow		g	2.1	
호 분		g	78.3	
밀 가 루		g	8.2	
아 교		g	91	
Emerald Green		g	101.4	
Permanent Orange G		g	18.2	
Lead red		g	55	
Cobalt Blue		g	56.9	
Iron Oxide Red		g	33.4	
Iron Permanent Yellow		g	5.8	
Chrome Yellow		g	17.8	
산 화 크 롬		g	6.8	
Permanent Black				
P.R Colonyl		g	19.2	
Toluidine Red		g	15	
백 분		식	1	
분 환		식	1	
특 수 화 공		인	0.39	
화 공		인	0.64	
공 구 손 료	인력품의 3%	식	1	

[주] ① 가칠은 별도 계상한다
  ② 비계매기는 필요 시 "2-5 강관비계매기(미장・단청공사용)"에 따른다.
  ③ 타초본만들기품은 "13-4 타초본만들기"에 따른다.

13-17 별화

13-17-1 단순

(㎡당)

구분	규격	단위	수량	비고
특 수 화 공		인	1.01	
공 구 손 료	인력품의 3%	식	1	

[주] ① 본 품은 부재의 전체 또는 부분이나 계풍 등에 동·식물 등의 그림을 그리는 경우를 기준으로 한 것이다.

② 본 품은 조채, 밑그림, 채색까지를 기준으로 한 것이다.

③ 재료는 설계수량으로 별도 계상한다.

④ 가칠은 별도 계상한다

⑤ 비계매기는 필요 시 "2-5 강관비계매기(미장·단청공사용)"에 따른다.

13-17-2 복잡

(㎡당)

구분	규격	단위	수량	비고
특 수 화 공		인	1.7	
공 구 손 료	인력품의 3%	식	1	

[주] ① 본 품은 부재의 전체 또는 부분이나 계풍 등에 인물·용 등의 그림을 그리는 경우를 기준으로 한 것이다.

② 본 품은 조채, 밑그림, 채색까지를 기준으로 한 것이다.

③ 재료는 설계수량으로 별도 계상한다.

④ 가칠은 별도 계상한다

⑤ 비계매기는 필요 시 "2-5 강관비계매기(미장·단청공사용)"에 따른다.

13-18 벽화

13-18-1 단순

(㎡당)

구분	규격	단위	수량	비고
특 수 화 공		인	0.76	
공 구 손 료	인력품의 3%	식	1	

[주] ① 본 품은 벽체에 동·식물 등의 그림을 그리는 경우를 기준으로 한 것이다.

② 본 품은 조채, 밑그림, 채색까지를 기준으로 한 것이다.

③ 재료는 설계수량으로 별도 계상한다.

④ 가칠은 별도 계상한다

⑤ 비계매기는 필요 시 "2-5 강관비계매기(미장·단청공사용)"에 따른다.

13-18-2 복잡

(㎡당)

구분	규격	단위	수량	비고
특 수 화 공		인	1.18	
공 구 손 료	인력품의 3%	식	1	

[주] ① 본 품은 벽체에 인물·용 등의 그림을 그리는 경우를 기준으로 한 것이다.

② 본 품은 조채, 밑그림, 채색까지를 기준으로 한 것이다.

③ 재료는 설계수량으로 별도 계상한다.

④ 가칠은 별도 계상한다

⑤ 비계매기는 필요 시 "2-5 강관비계매기(미장·단청공사용)"에 따른다.

13-19 들기름칠

(㎡당)

구분	규격	단위	수량	비고
들 기 름		L	0.2	
송 유		L	0.1	
화 공		인	0.06	
공 구 손 료	인력품의 5%	식	1	

[주] ① 본 품은 2회 붓칠을 기준으로 한 것이다.

② 본 품은 목재면청소, 들기름칠까지를 기준으로 한 것이다.

③ 비계매기는 필요 시 별도 계상한다.

13-20 면닦기(단청제거)

(㎡당)

구분	규격	단위	수량	비고
화 공		인	0.68	
공 구 손 료	인력품의 5%	식	1	

[주] ① 본 품은 접착제로 아크릴에멀죤을 사용한 부재의 기존 단청을 전체 또는 부분적으로 제거할 때를 기준으로 한 것이다.

② 본 품은 보양, 면닦기, 청소까지를 기준으로 한 것이다.

③ 중첩된 문양을 확인, 기록하는 품은 별도 계상한다.

④ 비계매기는 필요 시 "2-5 강관비계매기(미장·단청공사용)"에 따른다

13-21 석간주가칠(전통소재단청)

(㎡당)

구분	규격	단위	수량	비고
특 수 화 공		인	0.03	
화 공		인	0.10	
공 구 손 료	인력품의 3%	식	1	

[주] ① 본 품은 2회 가칠을 기준으로 한 것이다.

② 비계매기는 필요 시 "2-5 강관비계매기(미장·단청공사용)"에 따른다

③ 재료량은 다음을 참고하여 현장여건에 따라 별도 계상한다.

(㎡당)

안료명(색명)	단위	수량
석 간 주	g	53.47
아 교	g	7.45

13-22 뇌록가칠(전통소재단청)

(㎡당)

구분	규격	단위	수량	비고
특 수 화 공		인	0.02	
화 공		인	0.09	
공 구 손 료	인력품의 3%	식	1	

[주] ① 본 품은 2회 가칠을 기준으로 한 것이다.

② 비계매기는 필요 시 "2-5 강관비계매기(미장·단청공사용)"에 따른다

③ 재료량은 다음을 참고하여 현장여건에 따라 별도 계상한다.

(㎡당)

안료명(색명)	단위	수량
뇌 록	g	36.31
아 교	g	6.71

13-23 뇌록가칠- 창호(전통소재단청)

(㎡당)

구분	규격	단위	수량	비고
특 수 화 공		인	0.04	
화 공		인	0.90	
공 구 손 료	인력품의 3%	식	1	

[주] ① 본 품은 아교 혹은 찹쌀풀을 사용하여 창호를 2회 가칠할 때를 기준으로 한 것이다.

　② 창호설치 및 해체품은 별도 계상한다.

　③ 꽃살, 궁판에 채색을 하는 경우에는 별도 계상한다.

　④ 비계매기는 필요시 "2-5 강관비계매기(미장·단청공사용)"에 따른다.

　⑤ 재료량은 다음을 참고하여 현장여건에 따라 별도 계상한다.

(㎡당)

안료명(색명)	단위	수량
뇌 록	g	109.15
백토 / 패분 (호분)	g	53.27
아 교 / 찹 쌀	g	12.62

13-24 먹긋기(전통소재단청)

13-24-1 먹긋기(먹/분)

(㎡당)

구분	규격	단위	수량	비고
특 수 화 공		인	0.06	
화 공		인	0.19	
공 구 손 료	인력품의 3%	식	1	

[주] ① 본 품은 바탕가칠 위에 먹, 호분/연백을 사용하여 먹긋기 할 때를 기준으로 한 것이다.
② 본 품은 2회 긋기를 기준으로 한 것이다.
③ 가칠은 별도 계상한다.
④ 비계매기는 필요시 "2-5 강관비계매기(미장·단청공사용)"에 따른다.
⑤ 재료량은 다음을 참고하여 현장여건에 따라 별도 계상한다.

(㎡당)

안료명(색명)	단위	수량
연백/패분(호분)	g	6.77
먹	g	0.7
아 교	g	0.81

13-24-2 먹긋기(먹/분+변)

(㎡당)

구분	규격	단위	수량	비고
특 수 화 공		인	0.08	
화 공		인	0.30	
공 구 손 료	인력품의 3%	식	1	

[주] ① 본 품은 바탕가칠 위에 먹, 호분/연백을 사용하여 먹긋기하고, 추가로 삼록 혹은 황단을 사용하여 변긋기 할 때를 기준으로 한 것이다.
② 본 품은 2회 긋기를 기준으로 한 것이다.
③ 가칠은 별도 계상한다.
④ 비계매기는 필요시 "2-5 강관비계매기(미장·단청공사용)"에 따른다.
⑤ 재료량은 다음을 참고하여 현장여건에 따라 별도 계상한다.

(㎡당)

안료명(색명)	단위	수량
석록(삼록)/황단	g	25.77
연백/패분(호분)	g	6.77
먹	g	0.70
아 교	g	1.03

13-25 색긋기(전통소재단청)

13-25-1 색긋기(2빛)

(㎡당)

구분	규격	단위	수량	비고
특 수 화 공		인	0.09	
화 공		인	0.43	
공 구 손 료	인력품의 3%	식	1	

[주] ① 본 품은 바탕가칠 위에 주홍/황단, 육색, 호분/연백을 사용하여 2빛 색긋기 할 때를 기준으로 한 것이다.
② 본 품은 2회 긋기를 기준으로 한 것이다.
③ 가칠은 별도 계상한다.
④ 비계매기는 필요시 "2-5 강관비계매기(미장·단청공사용)"에 따른다.
⑤ 재료량은 다음을 참고하여 현장여건에 따라 별도 계상한다.

(㎡당)

안료명(색명)	단위	수량
주사(주홍)/황단	g	26.21
연백/패분(호분)	g	27.07
아 교	g	1.67

13-25-2 색긋기(3빛)

(㎡당)

구분	규격	단위	수량	비고
특 수 화 공		인	0.09	
화 공		인	0.64	
공 구 손 료	인력품의 3%	식	1	

[주] ① 본 품은 바탕가칠 위에 석간주, 주홍/황단, 육색, 호분/연백을 사용하여 3빛 색긋기 할 때를 기준으로 한 것이다.
② 본 품은 2회 긋기를 기준으로 한 것이다.
③ 가칠은 별도 계상한다.
④ 비계매기는 필요시 "2-5 강관비계매기(미장·단청공사용)"에 따른다.
⑤ 재료량은 다음을 참고하여 현장여건에 따라 별도 계상한다.

(㎡당)

안료명(색명)	단위	수량
주사(주홍)/황단	g	28.16
석 간 주	g	11.82
연백/패분(호분)	g	10.03
아 교	g	2.72

13-26 모로단청(전통소재단청)

(㎡당)

구분	규격	단위	수량	비고
특 수 화 공		인	0.06	
화 공		인	1.69	
공 구 손 료	인력품의 3%	식	1	

[주] ① 본 품은 바탕가칠 위에 모로단청 문양을 2회 채색할 때를 기준으로 한 것이다.
② 가칠은 별도 계상한다.
③ 비계매기는 필요시 "2-5 강관비계매기(미장·단청공사용)"에 따른다.
④ 타초본만들기품은 "13-4 타초본만들기"에 따른다.
⑤ 재료량은 다음을 참고하여 현장여건에 따라 별도 계상한다.

(㎡당)

안료명(색명)	단위	수량
황 단 (장 단)	g	9.19
주 사 (주 홍)	g	6.34
석 간 주	g	2.79
자황(석황)/황토/등황	g	2.46
석 록 (삼 록)	g	39.55
동 록 (하 엽)	g	14.63
석 청 (삼 청)	g	3.43
석 청 (대 청)	g	2.91
연백/백토/패분(호분)	g	9.61
먹	g	1.27
아 교	g	4.26

13-27 금모로단청(전통소재단청)

(㎡당)

구분	규격	단위	수량	비고
특 수 화 공		인	0.08	
화 공		인	2.85	
공 구 손 료	인력품의 3%	식	1	

[주] ① 본 품은 바탕가칠 위에 금모로단청 문양을 2회 채색할 때를 기준으로 한 것이다.
② 가칠은 별도 계상한다.
③ 비계매기는 필요시 "2-5 강관비계매기(미장·단청공사용)"에 따른다.
④ 타초본만들기품은 "13-4 타초본만들기"에 따른다.
⑤ 재료량은 다음을 참고하여 현장여건에 따라 별도 계상한다.

(㎡당)

안료명(색명)	단위	수량
황 단 (장 단)	g	18.29
주 사 (주 홍)	g	4.91
석 간 주	g	13.74
자황(석황)/황토/등황	g	4.43
뇌 록	g	8.57
석 록 (삼 록)	g	28.29
동 록 (하 엽)	g	19.82
석 청 (삼 청)	g	2.39
석 청 (대 청)	g	1.51
연백/백토/패분(호분)	g	34.05
먹	g	0.82
아 교	g	6.48

13-28 금단청(전통소재단청)

(㎡당)

구분	규격	단위	수량	비고
특 수 화 공		인	0.17	
화 공		인	3.29	
공 구 손 료	인력품의 3%	식	1	

[주] ① 본 품은 바탕가칠 위에 금단청 문양을 2회 채색할 때를 기준으로 한 것이다.
② 가칠은 별도 계상한다.
③ 비계매기는 필요시 "2-5 강관비계매기(미장·단청공사용)"에 따른다.
④ 타초본만들기품은 "13-4 타초본만들기"에 따른다.
⑤ 재료량은 다음을 참고하여 현장여건에 따라 별도 계상한다.

(㎡당)

안료명(색명)	단위	수량
황 단 (장 단)	g	33.32
주 사 (주 홍)	g	10.90
석 간 주	g	6.64
자황(석황)/황토/등황	g	1.54
뇌 록	g	1.91
석 록 (삼 록)	g	32.5
동 록 (하 엽)	g	31.27
석 청 (삼 청)	g	3.39
석 청 (대 청)	g	2.91
연백/백토/패분(호분)	g	21.63
먹	g	1.48
아 교	g	5.02

13-29 별화(전통소재단청)

13-29-1 단순

(㎡당)

구분	규격	단위	수량	비고
특 수 화 공		인	1.95	
공 구 손 료	인력품의 3%	식	1	

[주] ① 본 품은 바탕가칠 위에 부재의 전체 부분이나 계풍 등에 동·식물 등의 그림을 그리는 경우를 기준으로 한 것이다.
② 본 품은 조채, 밑그림, 채색까지를 기준으로 한 것이다.
③ 재료량은 문양에 따라 별도 계상한다.
④ 가칠은 별도 계상한다.
⑤ 비계매기는 필요 시 "2-5 강관비계매기(미장·단청공사용)"에 따른다.

13-29-2 복잡

(㎡당)

구분	규격	단위	수량	비고
특 수 화 공		인	3.40	
공 구 손 료	인력품의 3%	식	1	

[주] ① 본 품은 바탕가칠 위에 부재의 전체 부분이나 계풍 등에 인물·용 등의 그림을 그리는 경우를 기준으로 한 것이다.
② 본 품은 조채, 밑그림, 채색까지를 기준으로 한 것이다.
③ 재료량은 문양에 따라 별도 계상한다.
④ 가칠은 별도 계상한다.
⑤ 비계매기는 필요 시 "2-5 강관비계매기(미장·단청공사용)"에 따른다.

제14장 유구정비공사

제14장 유구정비공사

14-0 적용기준

1. 소규모 공사
   석재드잡이공사 수량이 3㎥ 이하일 경우에는 인력품을 50% 가산한다. 단, 제1장 적용기준의 소단위공사와 둘 중 하나만을 적용한다.

2. 편수산정기준은 다음과 같다.
   - 석재드잡이 : 3㎥당 1인

3. 유독성 약품(토양경화제, 전사용수지, 살생물제 등)을 취급하거나 처리할 경우에는 방제기술자를 추가 적용할 수 있다.

4. 수량산출기준은 다음과 같다.

구분	단위	산출식	비고
석 재 드 잡 이	㎥	부재체적	
유 구 현 장 보 존 (경 화 처 리)	㎡	경화처리 면적	
유 구 이 전 보 존 (토층단면 전사 및 이전설치)	㎡	토층단면전사 면적	

14-1 석재드잡이

(㎥당)

구분	규격	단위	수량	비고
드 잡 이 공		인	1.00	
한 식 석 공		인	0.40	
보 통 인 부		인	0.20	
공 구 손 료	인력품의 5%	식	1	

[주] ① 본 품은 한식진폴을 사용하여 석축 또는 기단의 배부름이나 이완된 부분을 드잡이 할 때를 기준으로 한 것이다.

② 본 품에는 소운반품이 포함되어 있다.

③ 한식진폴 설치 및 해체는 "2-8 한식진폴조립해체"에 따른다.

④ 가설기구는 별도 계상한다.

⑤ 속채움 해체 및 쌓기는 별도 계상한다.

14-2 유구현장보존(경화처리)

(㎡당)

구분	규격	단위	수량	비고
토 양 경 화 제	아크릴산에멀죤계	kg	1.97	
보 존 처 리 공		인	0.56	
조 력 공		인	0.34	
공 구 손 료	인력품의 3%	식	1	

[주] ① 본 품은 보호시설물 내부에 점질토 유구를 경화처리하여 현장보존할 때를 기준으로 한 것이다.

② 본 품은 경화처리면 정리·건조, 토양경화제 분무·침투까지를 기준으로 한다.

③ 경화제는 6회 분무를 기준으로 하며, 농도는 3~20% 범위에서 선택적으로 적용한다.

④ 희석제는 물을 사용한다.

⑤ 본 품에는 소운반품이 포함되어 있다.

⑥ 현장여건에 따라 에폭시계 등 기타 토양경화제가 필요한 경우에는 별도 계상한다.

⑦ 잡재료는 별도 계상한다.

⑧ 살생물제는 필요 시 별도 계상한다.

⑨ 비계매기는 필요 시 별도 계상한다.

⑩ 방제기술자는 "1-17 품의 할증 9. 특수작업할증률"에 준하여 적용한다.

14-3 유구이전보존

14-3-1 토층단면전사

(㎡당)

구분	규격	단위	수량	비고
수 지	1액형 전사용수지	kg	4	
보 존 처 리 공		인	2	
조 력 공		인	1.2	
공 구 손 료	인력품의 3%	식	1	

[주] ① 본 품은 토층단면(점질토, 사질토, 패총 등) 중 점질토 토층단면을 경사각 90°로 전사할 때를 기준으로 한 것이다.

② 본 품은 토층단면 정리·건조, 전사용수지 도포(배접)·경화, 토층단면 분리 및 정리(세척·건조, 청소 등)까지를 기준으로 한다.

③ 전사용수지는 3회 도포를 기준으로 한다.

④ 전사용수지 도포(배접)·경화 횟수를 조정할 경우에는 1회마다 보존처리공 0.36인, 조력공 0.22인을 증감할 수 있다.

⑤ 본 품에는 소운반품이 포함되어 있다.

⑥ 토층단면의 면적이 3㎡ 이상이거나 중량이 60kg 이상인 경우에는 전사면 보강을 위하여 보강용수지 도포(배접)·경화 2회로 보존처리공 0.24인, 조력공 0.15인을 가산한다.

⑦ 굴곡이 심한 토층단면을 전사할 때 형태 유지를 위해 보강용 지지대 설치가 필요한 경우에는 별도 계상한다.

⑧ 2차 전사(역(易)전사)가 필요한 경우에는 별도 계상한다.

⑨ 2액형 전사용수지를 사용하는 경우에는 별도 계상한다.

⑩ 잡재료는 별도 계상한다.

⑪ 살생물제는 필요 시 별도 계상한다.

⑫ 비계매기는 필요 시 별도 계상한다.

⑬ 방제기술자는 "1-17 품의 할증 9. 특수작업할증률"에 준하여 적용한다.

14-3-2 토층단면이전설치

(㎡당)

구분	규격	단위	수량	비고
보 존 처 리 공		인	1.17	
조 력 공		인	0.7	
공 구 손 료	인력품의 3%	식	1	

[주] ① 본 품은 전사한 토층단면을 이전설치할 때를 기준으로 한 것이다.

② 본 품은 이전설치 준비, 이전설치 및 정리, 토양경화제 분무·침투까지를 기준으로 한다.

③ 본 품에는 소운반품이 포함되어 있다.

④ 이전설치하는 토층단면의 연결부위 정리는 별도 계상한다.

⑤ 토층단면의 면적이 3㎡ 이상이거나 중량이 60㎏ 이상인 경우에 필요한 보강용 지지대는 별도 계상한다.

⑥ 잡재료는 별도 계상한다.

⑦ 비계매기는 필요 시 별도 계상한다.

⑧ 방제기술자는 "1-17 품의 할증 9. 특수작업할증률"에 준하여 적용한다.

제15장 기타공사

2023 문화재수리 표준품셈

제15장 기타공사

15-0 적용기준

1. 담장공사 시
    ① 비빔 및 소운반품이 포함되어 있다.

    ② 담장높이(담장지붕높이 제외)가 지면에서 1.5m 초과시 인력품을 30% 가산한다.

    ③ 비계매기는 필요 시 별도 계상한다.

    ④ 담장지붕이기는 "5-12 담장기와이기"에 따른다.

    ⑤ 지대석설치는 석공사 돌쌓기에 준한다.

2. 편수산정기준은 다음과 같다.
    ① 한식석공편수
        토석담, 거친돌담, 사괴석담 : 20㎡당 1인
        돌각담 : 3㎥당 1인

    ② 한식미장공편수
        판축담, 토담 : 3㎥당 1인

3. 치석
    전동공구는 전기 또는 압축공기로 작동하는 그라인더, 착암기, 에어공구 등 휴대용 수공구를 말한다.

4. 수량산출기준은 다음과 같다.

구분	단위	산출식	비고
벽 지 반 자 지 장 판 지 창 호 지	m²	바르기면적	
토 석 담 거 친 돌 담 사 괴 석 담 와 편 담	한면 m²	담장면적	
돌 각 담 판 축 담 토 담	m³	담장체적	

15-1 벽지(반자지)바르기

(m²당)

구분	규격	단위	수량	비고
초 배 지		m²	1.20	1회
재 배 지		m²	2.40	2회
정 배 지		m²	1.20	1회
풀		kg	0.05	
도 배 공		인	0.03	
보 통 인 부		인	0.03	
공 구 손 료	인력품의 5%	식	1	

[주] 반자지(천장)바르기는 인력품을 30% 가산한다.

15-2 장판지바르기

(㎡당)

구분	규격	단위	수량	비고
초 배 지		㎡	1.20	
재 배 지		㎡	1.20	
정 벌 밑 바 름		㎡	1.10	
장 판 지		㎡	1.10	
풀		kg	0.1~0.25	
도 배 공		인	0.12	
보 통 인 부		인	0.12	
공 구 손 료	인력품의 5%	식	1	

15-3 창호지바르기

(㎡당)

구분	규격	단위	수량	비고
창 호 지	950㎜×600㎜	장	2	
풀		kg	0.02	
도 배 공		인	0.024	
보 통 인 부		인	0.024	
공 구 손 료	인력품의 5%	식	1	

15-4 판축담쌓기

(m³당)

구분	규격	단위	수량	비고
생 석 회		kg	278.3	
진 흙		m³	0.242	
마 사 토		m³	0.726	
한 식 미 장 공		인	0.46	
한식미장공조공		인	1.62	
보 통 인 부		인	0.81	
공 구 손 료	인력품의 3%	식	1	

[주] ① 본 품은 손달고를 사용하여 다짐할 때를 기준으로 한 것이다.

② 다짐두께는 한 켜당 100㎜를 기준으로 한 것이다.

③ 다짐횟수는 한 켜당 6회를 기준으로 한 것이다.

④ 1일 쌓기 높이는 0.5m 이하로 한다.

⑤ 생석회 피우기(소화)는 생석회 100kg당 보통인부 0.13인을 가산한다.

⑥ 거푸집제작, 설치 및 해체는 별도 계상한다.

15-5 토담쌓기

(㎥당)

구분	규격	단위	수량	비고
거 친 돌		㎥	0.28	
진 흙		㎥	1.06	
한 식 미 장 공		인	0.41	
한식미장공조공		인	0.42	
보 통 인 부		인	0.18	
공 구 손 료	인력품의 3%	식	1	

[주] 1일 쌓기 높이는 0.5m 이하로 한다.

15-6 토석담쌓기

(한면㎡당)

구분	규격	단위	수량	비고
거 친 돌	250×300×150mm	개	17	
진 흙		㎥	0.05	
한 식 미 장 공		인	0.08	
한식미장공조공		인	0.11	
보 통 인 부		인	0.13	
공 구 손 료	인력품의 3%	식	1	

[주] ① 1일 쌓기 높이는 1.2m 이하로 한다.
② 속채움은 별도 계상한다.

③ 토석담쌓기 후 담장면마감을 할 경우에는 다음에 따라 품을 계상한다.

(한면㎡당)

구분	규격	단위	수량	비고
생 석 회		kg	5.50	
백 시 멘 트		kg	1.10	
모 래		㎥	0.006	
한 식 미 장 공		인	0.05	
한식미장공조공		인	0.10	
보 통 인 부		인	0.01	

[주] 생석회 피우기(소화)는 생석회 100kg당 보통인부 0.13인을 가산한다.

15-7 거친돌담쌓기

(한면㎡당)

구분	규격	단위	수량	비고
거 친 돌	250mm×300mm×250mm	㎥	0.66	
한 식 석 공		인	0.34	
한 식 석 공 조 공		인	0.36	
보 통 인 부		인	0.28	
공 구 손 료	인력품의 5%	식	1	

[주] 뒤채움은 별도 계상한다.

15-8 돌각담쌓기

(㎥당)

구분	규격	단위	수량	비고
거 친 돌	200mm×200mm×150mm	㎥	0.50	
	250mm×300mm×250mm	㎥	0.17	
한 식 석 공		인	1.34	
한 식 석 공 조 공		인	1.38	
보 통 인 부		인	0.91	
공 구 손 료	인력품의 3%	식	1	

[주] ① 본 품은 지대석 위 담장하부 폭 500㎜를 기준으로 한 것이다.

② 돌각담은 속채움을 하지 않고 돌을 얼기설기 쌓은 높이 1~1.5m 정도의 돌담을 말한다.

15-9 사괴석담쌓기

(한면㎡당)

구분	규격	단위	수량	비고
사 괴 석	180×180×250㎜	개	25	
생 석 회		kg	12.24	
백 시 멘 트		kg	5.1	
모 래		㎥	0.044	
한 식 석 공		인	0.11	
한 식 석 공 조 공		인	0.12	
보 통 인 부		인	0.11	
공 구 손 료	인력품의 3%	식	1	

[주] ① 1일 쌓기 높이는 1.2m 이하로 한다.
　　② 생석회 피우기(소화)는 생석회 100kg당 보통인부 0.13인을 가산한다.
　　③ 뒤채움은 별도 계상한다.
　　④ 줄눈바름은 "6-6-2 사괴석벽"에 따른다.

15-10 사괴석만들기

(개당)

구분	규격	단위	수량	비고
간 사 석		개	1	
한 식 석 공		인	0.10	
공 구 손 료	인력품의 5%	식	1	

[주] ① 본 품은 면과 뒤뿌리를 혹두기로 마무리할 때를 기준으로 한 것이다.
　　② 본 품은 규격 210㎜×210㎜(면)을 기준으로 한 것이다.

15-11 와편담해체

15-11-1 와편담해체(문양없음)

(한면㎡당)

구분	규격	단위	수량	비고
한 식 미 장 공		인	0.18	
한식미장공조공		인	0.07	
보 통 인 부		인	0.11	
공 구 손 료	인력품의 3%	식	1	

[주] ① 본 품은 와편담(문양없음) 해체 및 해체재 정리를 기준으로 한다.

② 본 품에는 소운반품이 포함되어 있다.

③ 잡재료는 별도 계상한다.

15-11-2 와편담해체(문양있음)

(한면㎡당)

구분	규격	단위	수량	비고
한 식 미 장 공		인	0.23	
한식미장공조공		인	0.08	
보 통 인 부		인	0.14	
공 구 손 료	인력품의 3%	식	1	

[주] ① 본 품은 와편담(문양있음) 해체 및 해체재 정비를 기준으로 한다.

② 본 품에는 소운반품이 포함되어 있다.

③ 잡재료는 별도 계상한다.

15-12 와편담쌓기

15-12-1 와편담쌓기(문양없음)

(한면㎡당)

구분	규격	단위	수량	비고
암 키 와		매	50	
진 흙		㎥	0.005	
생 석 회		kg	3.375	
한 식 미 장 공		인	0.56	
한식미장공조공		인	0.20	
보 통 인 부		인	0.34	
공 구 손 료	인력품의 3%	식	1	

[주] ① 본 품은 와편담(문양없음)을 설치할 때를 기준으로 한 것이다.

② 1일 쌓기 높이는 1.0m 이하로 한다.

③ 생석회 피우기(소화)는 생석회 100kg당 보통인부 0.13인을 가산한다.

④ 속채움은 별도 계상한다.

15-12-2 와편담쌓기(문양있음)

(한면㎡당)

구분	규격	단위	수량	비고
암 키 와		매	50	
수 키 와		매	50	
진 흙		㎥	0.005	
생 석 회		kg	3.375	
한 식 미 장 공		인	1.05	
한식미장공조공		인	0.37	
보 통 인 부		인	0.63	
공 구 손 료	인력품의 3%	식	1	

[주] ① 본 품은 와편담(문양있음)을 설치할 때를 기준으로 한 것이다.

② 1일 쌓기 높이는 1.0m 이하로 한다.

③ 생석회 피우기(소화)는 생석회 100kg당 보통인부 0.13인을 가산한다.

④ 속채움은 별도 계상한다.

15-13 토석담해체

(한면㎡당)

구분	규격	단위	수량	비고
한 식 미 장 공		인	0.11	
한식미장공조공		인	0.04	
보 통 인 부		인	0.07	
공 구 손 료	인력품의 3%	식	1	

[주] ① 본 품은 해체재를 재사용할 때를 기준으로 한다.
② 본 품에는 소운반품이 포함되어 있다.
③ 잡재료는 별도 계상한다.

15-14 사괴석만들기(전동공구)

(개당)

구분	간사석	단위	수량	비고
한 식 석 공	180mm×180mm	인	0.05	
	210mm×210mm	인	0.07	

[주] ① 본 품은 전동공구를 사용하여 면과 뒤뿌리를 혹두기로 마무리 할 때를 기준으로 한 것이다.
② 공구손료는 인력품의 5%로 계상한다.

15-15 담장속채움해체

(㎥당)

구분	규격	단위	수량	비고
한 식 미 장 공		인	0.66	
한식미장공조공		인	0.27	
보 통 인 부		인	0.40	
공 구 손 료	인력품의 3%	식	1	

[주] ① 본 품은 담장해체 시 속채움해체와 해체한 부재의 운반 및 정리를 기준으로 한 것이다.
② 본 품에는 소운반품이 포함되어 있다.
③ 잡재료는 별도 계상한다.

15-16 담장속채움

(㎥당)

구분	규격	단위	수량	비고
생 석 회		kg	40	
진 흙		㎥	0.2	
채 움 자 갈	Ø40mm 내외	㎥	0.25	
잡 석	Ø100mm 내외	㎥	1	
한 식 미 장 공		인	0.22	
한식미장공조공		인	0.4	
보 통 인 부		인	0.38	
공 구 손 료	인력품의 3%	식	1	

[주] ① 본 품은 담장쌓기 시 내부를 잡석, 채움자갈, 진흙 등으로 다지면서 속채움 할 때를 기준으로 한 것이다.
② 본 품에는 재료할증이 포함되어 있다.
③ 본 품에는 비빔 및 소운반품이 포함되어 있다.
④ 생석회 피우기(소화)를 할 경우 100kg당 보통인부 0.13인을 가산한다.

제16장 보존처리공사

2023 문화재수리 표준품셈

제16장 보존처리공사

16-0 적용기준

1. 유독성 약품(방염제, 방부방충제, 훈증제, 살충약제, 거품활성제 등)을 취급하거나 처리할 경우에는 방제기술자를 추가 적용할 수 있다.

2. 지용성 오염물(페인트, 유지류 등), 무기오염물(백화, 철녹 등) 세척은 필요 시 별도 계상한다.

3. 수량산출기준은 다음과 같다.

구분		단위	산출식	비고
방 염 제 도 포		m^2	도포면적	
방 부 방 충 제 도 포				
훈 증 소 독		$10m^3$	피복체적	
토 양 처 리		m	투약길이	
목재수지처리	성 형	$0.1m^3$	수지체적	
석재수지처리	충 전	m	충전길이	
	접 합	m^2	접합면적	
석 재 성 형		$0.01m^3$	성형체적	
세 척	건 식	m^2	세척면적	
	습 식	m^2	세척면적	

16-1 방염제도포

(m²당)

구분	규격	단위	수량	비고
방 염 제		L	1	
훈 증 공		인	0.01	
공 구 손 료	인력품의 5%	식	1	

[주] ① 본 품은 면청소에서 방염제도포까지의 품으로 3회 분무를 기준으로 한 것으로 분무 횟수에 따라 품을 증감할 수 있다.

② 보양에 소요되는 재료 및 품은 "2-7 보양"에 따른다.

③ 비계매기는 필요 시 별도 계상한다.

16-2 방부방충제도포

(m²당)

구분	규격	단위	수량	비고
방 부 방 충 제		L	1	
훈 증 공		인	0.01	
공 구 손 료	인력품의 5%	식	1	

[주] ① 본 품은 면청소에서 방부방충처리까지의 품으로 3회 분무를 기준으로 한 것으로 분무 횟수에 따라 품을 증감할 수 있다.

② 보양에 소요되는 재료 및 품은 "2-7 보양"에 따른다.

③ 비계매기는 필요 시 별도 계상한다.

④ 방제기술자는 "1-17 품의 할증 9.특수작업 할증률"에 준하여 적용한다.

16-3 훈증소독

(10㎥당)

구분	규격	단위	수량	비고
훈 증 제		kg	1	
피 복 용 시 트		㎡	60	
훈 증 공		인	0.79	
보 통 인 부		인	0.47	
공 구 손 료	인력품의 3%	식	1	

[주] ① 본 품은 건조물에 피복작업, 훈증소독, 피복벗기기까지를 기계장비로 훈증소독할 때를 기준으로 한 것이다.

② 본 품에는 소운반품이 포함되어 있다.

③ 본 품에는 보양재료 및 보양 품이 포함되어 있다.

④ 훈증효과판정비는 별도 계상한다.

⑤ 비계매기는 필요 시 별도 계상한다.

⑥ 잡재료는 별도 계상한다.

⑦ 방제기술자는 "1-17 품의 할증 9. 특수작업 할증률"에 준하여 적용한다.

16-4 토양처리

(m당)

구분	규격	단위	수량	비고
살 충 약 제		L	4	
거 품 활 성 제		L	0.35	
훈 증 공		인	0.02	
보 통 인 부		인	0.01	
공 구 손 료	인력품의 3%	식	1	

[주] ① 본 품은 건축물 주위에 기단에서 30cm 떨어진 지점과 그 지점에서 50cm 떨어진 지점을 기준으로 평행한 2줄의 선을 표시하고, 각각의 줄에 간격 50cm, 깊이 50cm로 천공한 후 약제를 주입하여 토양처리할 때를 기준으로 한 것이다. 이때 천공 위치는 2줄이 교차되도록 한다.

② 본 품은 기준실설치, 토양천공, 약제살포, 되메우기까지를 기준으로 한 것이다.

③ 본 품에는 약제제조 및 소운반품이 포함되어 있다.

④ 건물바닥, 마루밑의 토양처리 시에는 ㎡당 훈증공 0.01인을 별도 계상한다.

⑤ 잡재료는 별도 계상한다.

⑥ 방제기술자는 "1-17 품의 할증 9. 특수작업 할증률"에 준하여 적용한다.

16-5 목재수지처리

(0.1㎥당)

구분	규격	단위	수량	비고
보 존 처 리 공		인	6.15	
보 통 인 부		인	3.69	
공 구 손 료	인력품의 3%	식	1	

[주] ① 본 품은 부식목재의 분해충제거 후 수지를 충전하고 성형까지를 기준으로 한 것이다.
    ② 수지수량은 설계수량으로 하되, 목재충전시 목재수량을 제외한다.
    ③ 목재로 성형할 때에는 별도 계상한다.
    ④ 수지처리 시 보강재를 사용할 경우에는 별도 계상한다.
    ⑤ 시험 및 검사가 필요한 경우에는 별도 계상한다.
    ⑥ 절단된 부재나 이탈된 부재의 절단면을 접합하는 경우에는 별도 계상한다.
    ⑦ 잡재료는 별도 계상한다.

16-6 석재수지처리

16-6-1 석재충전

(m당)

구분	규격	단위	수량	비고
보 존 처 리 공		인	0.39	
보 통 인 부		인	0.23	
공 구 손 료	인력품의 3%	식	1	

[주] ① 본 품은 석재의 균열부를 수지로 충전하고 성형까지를 기준으로 한 것이다.
　　② 균열부의 폭은 10㎜까지를 기준으로 한 것이며, 균열의 폭이나 형태가 다양하여 본 품에 준할 수 없을 때에는 적의 산출할 수 있다.
　　③ 재료는 설계수량으로 별도 계상한다.
　　④ 발수경화처리는 필요 시 별도 계상한다.
　　⑤ 잡재료는 별도 계상한다.

16-6-2 석재접합

(m^2당)

구분	규격	단위	수량	비고
보 존 처 리 공		인	8.03	
세 척 공		인	3.56	
보 통 인 부		인	4.82	
공 구 손 료	인력품의 3%	식	1	

[주] ① 본 품은 석재가 떨어져 나간 경우 접합해야 할 면의 이물질을 제거하고 수지접합한 후 접합된 부위의 면처리하는 공정까지를 기준으로 한 것이다.
　　② 재료는 설계수량으로 별도 계상한다.
　　③ 신재로 보충하는 접합부재는 별도 계상한다.
　　④ 발수 경화처리는 필요 시 별도 계상한다.
　　⑤ 잡재료는 별도 계상한다.

16-7 석재성형

(0.01㎥당)

구분	규격	단위	수량	비고
보 존 처 리 공		인	1.67	
조 력 공		인	1.01	
석 조 각 공		인	3.17	
공 구 손 료	인력품의 3%	식	1	

[주] ① 본 품은 석재의 떨어져 나간 부분을 화강암 신재를 사용하여 원형에 맞게 가공할 때를 기준으로 한 것이다.

② 본 품은 모형제작(경화), 신재 가공까지를 기준으로 한다.

③ 신재 가공은 기존 석재의 가공정도에 따르고, 접합면은 떨어져 나간 형상에 맞게 가공한다.

④ 신재는 기존 석재와 재질이 유사한 석재를 사용하되, 재질조사가 필요한 경우에는 별도 계상한다.

⑤ 접합면의 이끼류, 지의류 등 세척은 별도 계상한다.

⑥ 잡재료는 별도 계상한다.

16-8 세척

16-8-1 건식세척

(㎡당)

오염도 \ 구분	세척공	조력공	비고
10%	0.17	0.1	
20%	0.34	0.2	
30%	0.51	0.3	
40%	0.68	0.4	
50%	0.85	0.5	
60%	1.02	0.6	
70%	1.19	0.7	
80%	1.36	0.8	
90%	1.53	0.9	
100%	1.7	1	

[주] ① 본 품은 화강암 석재표면의 자연발생적 유기오염물(이끼류, 지의류 등)을 세척용 도구를 사용하여 제거할 때를 기준으로 한 것이다.

② 오염도(%)는 건식세척 대상면의 오염면적을 백분율로 나타낸 것이다.

③ 본 품에는 소운반품이 포함되어 있다.

④ 공구손료는 인력품의 3%로 계상한다.

⑤ 잡재료는 별도 계상한다.

⑥ 비계매기는 필요 시 별도 계상한다.

16-8-2 습식세척

(㎡당)

구분 오염도	1회		2회		3회		4회		5회		비고
	세척공	조력공	세척공	조력공	세척공	조력공	세척공	조력공	세척공	조력공	
10%	0.08	0.05	0.16	0.1	0.23	0.14	0.31	0.19	0.38	0.23	
20%	0.16	0.1	0.31	0.19	0.46	0.28	0.61	0.37	0.76	0.46	
30%	0.23	0.14	0.46	0.28	0.68	0.41	0.91	0.55	1.14	0.69	
40%	0.31	0.19	0.61	0.37	0.91	0.55	1.21	0.73	1.52	0.92	
50%	0.38	0.23	0.76	0.46	1.14	0.69	1.52	0.92	1.89	1.14	
60%	0.46	0.28	0.91	0.55	1.36	0.82	1.82	1.1	2.27	1.37	
70%	0.53	0.32	1.06	0.64	1.59	0.96	2.12	1.28	2.65	1.6	
80%	0.61	0.37	1.21	0.73	1.82	1.1	2.42	1.46	3.03	1.83	
90%	0.68	0.41	1.36	0.82	2.04	1.23	2.72	1.64	3.4	2.05	
100%	0.76	0.46	1.52	0.92	2.27	1.37	3.03	1.83	3.78	2.28	

[주] ① 본 품은 화강암 석재표면의 자연발생적 유기오염물(이끼류, 지의류 등)을 세척수와 세척용 도구를 사용하여 제거할 때를 기준으로 한 것이다.

② 본 품은 세척수 분무, 오염물 불리기, 오염물 제거, 세척수 청소까지를 기준으로 한다.

③ 오염도(%)는 습식세척 대상면의 오염면적을 백분율로 나타낸 것이다.

④ 오염도 10% 이하는 오염도 10%에 해당하는 세척공, 조력공 품을 적용한다.

⑤ 세척수는 증류수를 사용한다.

⑥ 본 품에는 소운반품이 포함되어 있다.

⑦ 공구손료는 인력품의 3%로 계상한다.

⑧ 잡재료는 별도 계상한다.

⑨ 살생물제 사용 등 화학적인 세척은 별도 계상한다.

⑩ 비계매기는 필요 시 별도 계상한다.

제17장

식물보호공사

2023 문화재수리 표준품셈

제17장 식물보호공사

17-0 적용기준

1. 목적
   정부 등 공공기관에서 천연기념물(식물) 및 이에 준하는 사업의 적정한 예정가격을 산정하기 위한 일반적인 기준을 제공하는데 있다.

2. 적용범위
   국가기관, 지방자치단체 및 이에 준하는 기관에서 성격을 같이하는 식물치료(식물 유지관리)는 본 표준품셈을 사업 예정가격의 기초로 활용한다.

3. 적용방법
   ① 문화재수리 중 특수성이 있는 천연기념물(식물)의 치료 및 이에 준하는 사업의 예정가격산정은 본 표준품셈을 활용한다.

   ② 본 표준품셈에서 제시된 품은 8시간을 기준으로 하며, 식물치료의 보편적인 공종·수리방법이 기준이므로 식물의 특성, 현장여건 및 기타 조건에 따라 조정하여 적용한다.

   ③ 본 표준품셈에서 명시되지 않은 사항은 문화재수리표준품셈(조경 등)을 적용하고, 기타 사항은 국가기관에서 제정한 표준품셈을 적용하거나 예정가격 산정기준을 자체 결정하여 적용한다.

   ④ 사업의 예정가격 산정은 식물의 특성과 입지조건, 사업규모, 기간 및 현지여건 등을 감안하여 가장 합리적인 수리방법을 채택 적용한다.

   ⑤ 상처치료 등 특정 처리의 경과를 확인한 후 다음 처리를 해야 하는 경우나 중요한 사업에서 자문이 필요한 경우에는 별도 계상한다.

4. 수량의 계산법
    ① 수량의 계산은 소수점 셋째 자리에서 반올림, 둘째 자리로 표시 한다.

    ② 면적의 계산은 보통 수학공식 외에 삼사법 또는 구적기로 한다.

    ③ 수고의 계산은 m 단위로 측정하고 m 이하는 반올림한다.

    ④ 직경 계산에서 흉고직경과 근원직경은 다음과 같이 계산한다.
        ◦ 흉고직경(diameter at breast : B)은 가슴높이(1.2m) 지름의 최저값과 최고값을 측정한 후 평균값을 취한다.
        ◦ 근원직경(root diameter : R)은 수목이 굴취되기 전 지표면과 접하는 줄기의 직경을 말하나 노거수는 뿌리가 분기되기 이전의 위치로 한다.
        ◦ 줄기가 둘 이상으로 갈라진 경우는 각 줄기 합의 70%가 그 수목의 최대 직경보다 클 때는 직경합의 70%를 직경이라 하고 작을 때는 최대 직경을 그 수목의 직경이라 한다.

    ⑤ 수목상처 중 공동부 면적(m^2)은 내면과 개구면으로 구분하여 소수 둘째 자리에서 반올림하고 체적(m^3)은 셋째 자리에서 반올림한다.

    ⑥ 토사체적은 양단면적을 평균한 값에 그 단면간의 거리를 곱하여 산출하는 것을 원칙으로 한다.

5. 노임단가
    문화재수리 식물치료기능공 노임이 정해지기 이전까지는 대한건설협회에서 조사·공표하는 시중노임단가를 적용하되, 매년 상반기에 공표되는 노임단가는 당해 연도 1월 1일부터 8월 31일까지, 하반기에 공표되는 노임단가는 당해 연도 9월 1일부터 12월 31일까지 적용한다.

6. 품의 할증
    ① 품의 할증은 필요한 경우 다음의 기준 이내에서 적용할 수 있으며 품셈 각 항목별 할증이 명시된 경우에는 각 항목별 할증을 우선 적용한다.

② 군작전지구 내에서 작업능률에 현저한 저하를 가져올 경우에는 인력품을 20%까지 가산한다.

③ 도서지구(군소재지 이하로 본토에서 인력 동원파견 시), 도로개설이 불가능한 산악지에서는 인력품을 50%까지 가산한다.

④ 지세별 할증률
  ◦ 야산지로 험한 야산지대 및 수목이 우거진 보통 산악지대로서 교통이 불편하고 험한 산악 또는 보통산악은 25%까지 가산한다.
  ◦ 주변이 주택가로 작용에 의해 시설물 등의 훼손이 우려거나 작업이 불편한 곳은 15%까지 가산한다.

⑤ 위험할증률

  다음과 같이 지상 높이에서 작업 시 가산한다.

  ◦ 고소작업(비계틀 불사용)
    5~10m 미만 : 20%, 10~15m 미만 : 30%,
    15~20m 미만 : 40%, 20~30m 미만 : 50%

  ◦ 고소작업(비계틀 사용)
    10m~20 미만 : 10%, 21~30m 미만 : 20%, 30m 이상 : 30%

⑥ 최소단위 사업
  지상면적 2,000㎡ 또는 대상수목 1주로 흉고직경 80cm 이하일 때는 품을 50% 가산한다.

⑦ 할증의 중복가산요령
  W=기본 품×(1+a1+a2+a3…+an)
    다만, 동일 성격의 품 할증 요소의 이중 적용은 불가함.
  W : 할증이 포함된 품
    기본품 : 각 장 [주]란의 필요한 할증·감 요소가 감안된 품
  a1~an : 품 할증요소

7. 재료 및 자재의 단가
    ① 재료 및 자재의 단가는 거래 실례가격 또는 통계법에 의한 지정기관이 조사하여 공표한 가격, 유사한 거래실례가격, 견적가격을 기준하며, 적용순서는 「국가를 당사자로 하는 계약에 관한 법률 시행규칙」 제7조의 규정에 따른다.

    ② 재료 및 자재단가에 운반비가 포함되어 있지 않은 경우 구입장소로부터 현장까지의 운반비를 계상할 수 있다.

    ③ 공통으로 쓰이는 주요재료는 명시할 수 있지만 식물치료의 특성상 진단결과에 따라 적합한 재료가 필요할 수 있어 상품명 보다는 용도와 재료의 성질(액제, 도포제, 경질 등)을 명시한다.

    ④ 재료는 국내·외적으로 널리 알려지고 검증된 완제품을 사용하며 설계는 재료시험에 의하여 제원을 결정함을 원칙으로 한다.

8. 공구손료 및 잡재료
    ① 공구손료는 일반 공구로서 상시적으로 사용하는 것을 말하며 직접노무비의 3%까지 계상한다.

    ② 잡재료 및 소모재료는 설계내역에 표시하여 계상하되 주재료비의 2~5%까지 계상한다.

9. 수리보고서
    중요한 사업에 수리보고서를 작성하는 경우에는 필요한 비용을 별도로 계상한다.

10. 조사연구
    식물의 쇠락은 복합적인 원인에 의한 경우가 많으므로 뿌리상태 확인 등 조사연구가 필요한 경우에는 별도로 계상한다.

17-1 병해충 방제

17-1-1 병해충방제(단목)

(희석량 100L 당)

구분	규격	단위	수량	비고
특 별 인 부		인	0.30	
보 통 인 부		인	0.14	

[주] ① 본 품은 트럭에 동력분무기를 장착하여 약제 살포하는 방법에 적용하며, 문화재 안전조치, 약제조제 등을 포함한다.

② 혼용 가능한 약제(영양제 포함)는 혼용하며, 약제 등 재료비와 잡재료비는 별도 계상한다.

③ 분무기, 방제차량, 고소작업차량 등 장비 사용료는 별도 계상한다.

④ 높이 9m 이상에서 작업 시 고소작업 위험할증을 계상할 수 있다.

⑤ 수목의 엽량(잎의 수) 또는 수형에 따라 감할 수 있다.

〈약제 살포 규격별 약량표〉

(단위 : ℓ)

흉고직경(cm) \ 수고(m)	6	9	12	15	18	21	24	27	30
20	40	60	80	100					
25	50	75	100	125					
30	60	90	120	150	180				
35	70	105	140	175	210				
40	80	120	160	200	240	280			
45	90	135	180	225	270	315			
50	100	150	200	250	300	350	400		
60	120	180	240	300	360	420	480		
70	140	210	280	350	420	490	560	630	
80	160	240	320	400	480	560	640	720	
90	180	270	360	450	540	630	720	810	900
100	200	300	400	500	600	700	800	900	1000
120	240	360	480	600	720	840	960	1000	1200
140	280	420	560	700	840	980	1120	1280	1400
160	320	480	640	800	960	1120	1280	1440	1600
180	360	540	720	900	1080	1260	1440	1620	1800
200	400	600	800	1000	1200	1400	1600	1800	2000

17-1-2 병해충방제(군락)

(1000㎡당)

구분	규격	단위	수량	비고
특 별 인 부		인	1.30	
보 통 인 부		인	0.67	

[주] ① 본 품은 트럭에 동력분무기를 장착하여 약제 살포하는 방법에 적용하며, 문화재안전조치, 약제 조제 등을 포함한다.

② 혼용 가능한 약제(영양제 포함)는 혼용하며, 약제 등 재료비와 잡재료비는 별도 계상한다.

③ 분무기, 방제차량, 고소작업차량 등 장비 사용료는 별도 계상한다.

④ 작업조건에 따라 지세별 할증, 최소단위 할증을 계상할 수 있다.

17-1-3 병해충방제(수간보호)

(㎡당)

구분	규격	단위	수량	비고
특 별 인 부		인	0.33	
보 통 인 부		인	0.17	

[주] ① 본품은 소나무좀과 참나무시들음병 방제에 적용하며, 문화재안전조치, 현장준비 등 부속작업을 포함한다.

② 재료비는 별도 계상하며, 잡재료는 재료비의 2%까지 계상할 수 있다.

17-2 수목 상처치료

17-2-1 부후부 제거

(㎡당)

구분	특별인부 (인)	보통인부 (인)	비고
거 친 면	1.20	0.60	
고 운 면	1.07	0.06	

[주] ① 본 품은 현장준비 등 부속작업의 품을 포함한다.

② 잡재료비는 재료비의 2%, 공구손료는 노무비의 3%까지 계상할 수 있다.

③ 작업조건에 따라 고소작업할증, 지세별 할증, 최소단위할증을 계상할 수 있다.

17-2-2 살충·살균처리(분무)

(㎡당)

구분	단위	수량	비고
특 별 인 부	인	0.13	
보 통 인 부	인	0.06	

[주] ① 본 품은 현장준비 등 부속작업의 품을 포함한다.

② 재료는 용도에 맞는 가능한 시중완제품을 선택하여 사용하며 재료비는 별도 계상한다.

③ 잡재료비는 재료비의 2%, 공구손료는 노무비의 3%까지 계상할 수 있다.

④ 작업조건에 따라 고소작업할증, 지세별 할증, 최소단위할증을 계상할 수 있다.

17-2-3 살균·방부처리(붓칠)

(㎡당)

구분	도포제(ℓ)	특별인부(인)	보통인부(인)	비고
거 친 면	0.50	0.27	0.13	붓칠 2회
고 운 면	0.25	0.19	0.09	붓칠 2회

[주] ① 본 품은 문화재안전조치, 현장준비 등 부속작업의 품을 포함한다.
　　② 재료는 용도에 맞는 시판 완제품을 선택 사용하며, 재료비는 별도 계상한다.
　　③ 잡재료비는 재료비의 2%, 공구손료는 노무비의 3%까지 계상할 수 있다.
　　④ 작업조건에 따라 고소작업할증, 지세별 할증, 최소단위할증을 계상할 수 있다.

17-2-4 공동표면 방수처리(붓칠)

(㎡당)

구분	방수제 (ℓ)	특별인부 (인)	보통인부 (인)	비고
거 친 면	0.5	0.32	0.16	붓칠 3회
고 운 면	0.3	0.20	0.09	붓칠 3회

[주] ① 본 품은 문화재안전조치, 현장준비 등 부속작업의 품을 포함한다.
　　② 재료는 용도에 맞는 시판 완제품을 선택 사용하며, 재료비는 별도 계상한다.
　　③ 잡재료비는 재료비의 2%, 공구손료는 노무비의 3%까지 계상할 수 있다.
　　④ 작업조건에 따라 고소작업할증, 지세별 할증, 최소단위 할증을 계상할 수 있다.

17-2-5 공동부 보호창 설치

(개소당)

구분	규격	단위	수량	비고
특 별 인 부		인	0.83	
보 통 인 부		인	0.42	

[주] ① 본 품은 현장준비 등 부속작업의 품을 포함한다.

② 재료는 용도에 맞는 기본틀 주문제작비는 별도 계상한다.

③ 잡재료비는 재료비의 2%, 공구손료는 노무비의 3%까지 계상할 수 있다.

17-2-6 공동충전

(m^3당)

구분		규격	단위	수량	비고
발 포 성 재 료	특별인부		인	0.38	
	보통인부		인	0.19	
	우레탄폼	MDI(A액)	kg	30	
	우레탄폼	폴리올(B액)	kg	30	
비 발 포 성 재 료	특별인부		인	0.63	
	보통인부		인	0.32	
	비발포재		m^3	1.1	

[주] ① 본 품은 현장준비 등 부속작업과 거푸집설치, 충전물 정리 품을 포함한다.

② 환부의 위치, 크기, 형태 등 특성에 따라 기술된 재료 외 용도에 맞는 재료를 선택사용하며, 재료비는 별도 계상한다.

③ 잡재료비는 재료비의 2%까지 계상할 수 있다.

④ 노후된 충전물 제거는 공동부 충전품 50%까지 계상할 수 있다.

⑤ 제거 산물의 폐기물 처리 등은 별도 계상할 수 있다.

17-2-7 충전부 표면처리

(㎡당)

구분		에폭시 수지 (kg)	실리콘 실란트 (ℓ)	부직포 (m²)	코르크 분말 (kg)	특별 인부 (인)	보통 인부 (인)	비고
경질형	매 트 처 리	3.0		1.2		0.19	0.09	
	경 화 처 리	7.0			2.00	1.10	0.55	
	산화방지처리	1.42			1.94	0.12	0.06	
연질형	매 트 처 리		2.00	1.2		0.27	0.13	
	경 화 처 리		15.0		2.00	1.54	0.76	
	산화방지처리		4.00		1.94	0.19	0.09	

[주] ① 본 품은 공동충전 후 표면처리에 적용하며, 문화재안전조치 등 부속작업을 포함한다.

② 재료는 충전물의 위치, 크기, 형태 등 용도에 맞는 제품을 선택 사용하며, 재료비는 별도 계상한다.

③ 잡재료비는 재료비의 2%까지 계상할 수 있다.

④ 작업조건에 따라 고소작업 할증, 지세별 할증, 최소단위 할증을 계상할 수 있다.

17-3 뿌리치료

17-3-1 복토제거

(㎥당)

구분	단위	수량	비고
특 별 인 부	인	0.52	
보 통 인 부	인	0.26	

[주] ① 본 품은 문화재안전조치, 현장준비 등과 흙 소운반, 뿌리조사 및 처리, 제거 후 지반정리의 품을 포함한다.

② 토질에 따라 경질토사 10%, 자갈섞인토사 20%까지 할증할 수 있다.

③ 공구손료는 노무비의 3%까지 계상할 수 있다.

17-3-2 답압부 경운

(㎡당)

구분	단위	수량	비고
특 별 인 부	인	0.20	
보 통 인 부	인	0.10	

[주] ① 본 품은 문화재안전조치, 현장준비 등과 뿌리조사 및 처리, 지반정리의 품을 포함한다.
　　② 자갈섞인 토사는 20%까지 할증할 수 있다.
　　③ 공구손료는 노무비의 3%까지 계상할 수 있다.

17-3-3 근부 토양제거

(㎥당)

구분	단위	수량	비고
특 별 인 부	인	0.78	
보 통 인 부	인	0.39	

[주] ① 본 품은 문화재안전조치, 현장준비 등과 뿌리조사 및 보호의 품을 포함한다.
　　② 자갈섞인 토사는 20%까지 할증할 수 있다.
　　③ 공구손료는 노무비의 3%까지 계상할 수 있다.

17-3-4 발근촉진처리

(㎡당)

구분	발근촉진제	도포살균제 (kg)	부착용 개량토 (kg)	특별인부 (인)	보통인부 (인)
부후근 정리		0.20	10	0.30	0.15
발근제 처리	1식			0.48	0.24

[주] ① 본 품은 문화재안전조치, 현장준비 등의 품을 포함한다.

② 발근촉진제(액제, 도포제, 개량토)는 용도에 알맞게 중복 사용할 수 있으며, 재료비는 별도 계상한다.

③ 잡재료비는 재료비의 2%, 공구손료는 노무비의 3%까지 계상할 수 있다.

17-3-5 토양개량

(㎡당)

구분	개량재	살균제	특별인부 (인)	보통인부 (인)
토양교반	1식		0.32	0.16
토양소독		1식	0.08	0.04

[주] ① 본 품은 문화재안전조치, 현장준비 등의 품을 포함한다.

② 토양개량재는 물리적, 화학적 장애에 따라 용도에 알맞는 재료(숯, 수피조각, 펄라이트, 황토, 마사토, 부엽토 등)를 혼합 사용한다.

③ 잡재료비는 재료비의 2%, 공구손료는 노무비의 3%까지 계상할 수 있다.

④ 되메우기, 고르기는 근부 토양제거 품의 20%, 잔토처리는 30%까지 계상할 수 있다.

17-3-6 숨틀 설치

(개소당)

구분	규격	단위	수량	비고
P V C 파 이 프	Ø150mm	m	0.5	
자 갈	Ø20~30mm	m³	0.05	
모 래	왕사	m³	0.05	뚜껑 포함
특 별 인 부		인	0.15	
보 통 인 부		인	0.08	

[주] ① 본 품은 제작, 터파기, 설치, 현장정리의 품을 포함한다

② 재료비는 별도 계상하며, 잡재료비는 재료비의 2%까지 계상할 수 있다.

17-3-7 토양피복재 처리

(m²당)

구분	규격	단위	수량	비고
피 복 재		m³	0.1	
보 호 망		m²	1.1	
특 별 인 부		인	0.16	
보 통 인 부		인	0.08	

[주] ① 본 품은 터파기, 설치, 현장정리의 품을 포함한다.

② 재료비는 별도 계상하며, 잡재료비는 재료비의 2%까지 계상할 수 있다.

17-4 수형 유지관리

17-4-1 수관청소

(주당)

구분	단위	흉고직경 (cm)						
		40~50	51~60	61~70	71~80	81~90	91~100	101이상
특 별 인 부	인	0.35	0.41	0.51	0.61	0.74	0.87	1.02
보 통 인 부	인	0.17	0.20	0.26	0.30	0.36	0.44	0.50

[주] ① 본 품은 자연스럽게 발생하는 고사지, 쇠약지 제거 등 주기적인 수관 청소작업에 적용하고, 현장정리의 품을 포함한다.

② 본 품은 정상적인 수목 5년 주기 기준이므로 상태에 따라 20% 이내에서 할인·할증할 수 있다.

③ 잡재료비는 재료비의 2%, 공구손료는 노무비의 3%까지 계상할 수 있다.

17-4-2 수관솎기

(주당)

구분	단위	흉고직경 (cm)						
		40~50	51~60	61~70	71~80	81~90	91~100	101이상
특 별 인 부	인	1.65	1.93	2.45	2.63	3.07	3.58	3.95
보 통 인 부	인	0.82	0.96	1.12	1.31	1.53	1.79	1.98

[주] ① 본 품은 상록수의 수관(가지)밀도 조절작업에 적용하고, 현장정리의 품을 포함한다.

② 정상적인 수목 5년 주기 기준이므로 상태에 따라 20% 이내에서 할인·할증할 수 있다.

③ 잡재료비는 재료비의 2%, 공구손료는 노무비의 3%까지 계상할 수 있다.

④ 고소작업차 경비는 별도 계상할 수 있다.

17-5 안전대책

17-5-1 지지대 설치

(개소당)

형식	구분	규격	지지대 철관 (셋트)	지지대 목재 (셋트)	기초석 (개)	특별인부 (인)	보통인부 (인)	비고
I자형(철관)		H 3.0m, ∅100mm×1.4mm	1			1.44	0.72	
A자형(철관)		H 3.0m, ∅100mm	1			1.51	0.75	
I자형(목재)		H 3.0m, ∅100mm		1		1.30	0.65	
사각(석재)		H 0.4m, W 0.30m			1			

[주] ① 본 품은 균형잡기, 위치선정, 가지 및 지지대 올리기, 지지대 고정, 자재 소운반, 현장정리의 품을 포함한다.

② 지지대는 규격에 따라 할인·할증을 적용한다.
 - 기준높이 3.0m보다 높거나 낮을 경우 : 1m당 30%씩 품과 재료 할인·할증
 - 동일 높이 내에서 굵기가 굵어질 경우 30% 이내에서 할증
 - 기초석 설치는 설치품의 20% 할증
 - 동일수목에 2개 이상시 20% 할인

③ 지지대, 기초석의 구입제작, 장비, 콘크리트 기초 타설은 별도 계상 한다.

④ 잡재료비는 재료비의 2%, 공구손료는 노무비의 3%를 계상한다.

17-5-2 줄당김(cabling) 설치

(개소당)

구분		규격	단위	수량	비고
관통형	와 이 어 로 프	4×24(도금), 마심 2㎜ 이상	m	4.0	
	턴 버 클		개	1	
	와셔, 너트, 회로		개	2	각각 수량
	특 별 인 부			2.34	
	보 통 인 부			1.17	
밴드형	와 이 어 로 프	4×24(도금), 마심 2㎜	m	4.0	
	밴 드 (환)		셋트	1	
	특 별 인 부			1.94	
	보 통 인 부			0.96	

[주] ① 본 품은 자재 소운반, 천공, 조립, 설치 현장 품을 포함한다.

② 줄당김은 3.0m 기준이므로 추가내용과 재료비는 별도 계상한다.

③ 잡재료비는 재료비의 2%, 공구손료는 노무비의 3%를 계상한다.

17-5-3 위험가지 사전정리

(개당)

구분	단위	가지지름 (cm)				비고
		10 이내	11~15	16~20	21 이상	
특 별 인 부	인	0.39	0.68	0.92	1.34	
보 통 인 부	인	0.19	0.33	0.45	0.66	

[주] ① 본 품은 위험가지로 타 처리수단이 없는 경우에 적용하고, 현장정리의 품을 포함한다.
　② 수목 1그루에 가지 1개가 기준이므로 동일 수목에 2개 이상일 경우는 50% 할인한다.
　③ 잡재료비는 재료비의 2%, 공구손료는 노무비의 3%까지 계상할 수 있다.
　④ 고소작업차 경비는 별도 계상할 수 있다.

17-6 영양공급

17-6-1 무기영양제 토양관주

(희석량 100ℓ 당)

구분	규격	단위	수량	비고
무 기 영 양 제	희석량	100 L	1	
특 별 인 부		인	0.15	
보 통 인 부		인	0.15	

[주] ① 본 품은 토양관주에 적용하며, 현장정리의 품을 포함한다.
　② 재료는 가능한 시판제품으로 필요 시 2가지 이상 혼합할 수 있으며, 재료비는 별도 계상한다.
　③ 잡재료비는 재료비의 2%, 공구손료는 노무비의 3%를 계상한다.

17-6-2 유기질비료 토양혼화

(20kg당)

구분	규격	단위	수량	비고
특 별 인 부		인	0.12	
보 통 인 부		인	0.12	

[주] ① 본 품은 식혈, 기존토양과의 혼화, 비료살포, 현장정리의 품을 포함한다.

② 재료비는 별도계상하며, 토양조건에 따라 경질토는 10%, 자갈섞인 토양은 20%까지 할증할 수 있다.

③ 기계사용시는 별도계상하며, 잡재료비는 재료비의 2%, 공구손료는 노무비의 3%를 계상한다.

17-7 수림지관리

17-7-1 수림지 경내정리

(1,000㎡당)

구분	단위	산물량 (㎥)					
		1 미만	1 이상	2 이상	3 이상	4 이상	5 이상
특 별 인 부	인	0.48	0.68	0.97	1.37	1.65	2.14
보 통 인 부	인	0.24	0.34	0.49	0.53	0.82	1.07

[주] ① 본 품은 수림지내 고사목, 피해목, 유입목 등 불필요한 수목과 가지 등의 정리 작업에 적용하고, 기타 청소작업을 포함한다.

② 수간과 지조는 분리하며, 수거물의 수량은 새끼(끈)로 묶어 집재한 상태의 가로× 세로×높이를 기준으로 계산한다.

③ 수거물 처리는 저지대(50m 내외 거리)의 매립 및 깔기로 하되 이외의 처리비는 별도 계상한다.

17-7-2 수관 경합목 정리

(주당)

구분	단위	근원직경 (cm)				
		5~7	8~10	11~15	16~20	21~25
특 별 인 부	인	0.17	0.34	0.57	0.80	1.12
보 통 인 부	인	0.08	0.17	0.28	0.39	0.55

[주] ① 본 품은 (교목, 대나무 포함) 수작업에 적용하며, 집단지역은 20% 할인한다.

② 수간, 가지를 분리한 후 현장에 집적하는 것으로 하고 이외의 운반, 처분은 별도 계산한다.

17-7-3 위해덩굴 제거

(1,000㎡당)

구분	단위	약제처리 (분포율%)			뿌리굴취 (분포율%)		
		성김 (40 미만)	중간 (40~60)	밀생 (61 이상)	성김 (40 미만)	중간 (40~60)	밀생 (61 이상)
특 별 인 부	인	3.12	4.45	5.78	4.40	6.30	8.18
보 통 인 부	인	1.55	2.22	2.89	2.20	3.14	4.09

[주] ① 약제처리는 생태적 안정을 저해할 우려가 없는 곳이거나 뿌리굴취가 어려운 지역에 적용한다.

② 약제 소요량은 300㎖(1병)/100본(100본×1.5㎖×2회) 기준으로 한다.

17-7-4 지표식생 정리

(100㎡당)

구분	단위	초본류(분포율%)			관목류, 신이대류(분포율%)		
		성김 (40 미만)	중간 (40~60)	밀생 (61 이상)	성김 (40 미만)	중간 (40~60)	밀생 (61 이상)
특 별 인 부	인	0.38	0.55	0.72	0.52	0.73	0.94
보 통 인 부	인	0.19	0.27	0.35	0.24	0.36	0.47

[주] ① 본 품은 초본류, 신이대류, 관목류를 대상으로 매년 반복적으로 행하는 수작업에 적용한다.

② 자른 풀은 지정된 장소에 모아 쌓기까지로 하며 그 외의 처리는 별도 계산한다.

17-8 재검토 기한

「훈령·예규 등의 발령 및 관리에 관한 규정」에 따라 이 고시에 대하여 2016년 1월 1일을 기준으로 매 3년이 되는 시점(매 3년째의 12월 31일까지를 말한다.)마다 그 타당성을 검토하여 개선 등의 조치를 하여야 한다.

문화재수리 표준품셈 2023

초판 인쇄 2024년 01월 12일
초판 발행 2024년 01월 16일

저 자 문화재청
발행인 김갑용

발행처 진한엠앤비
주소 서울시 서대문구 독립문로 14길 66 205호(냉천동 260)
전화 02) 364 - 8491(대) / 팩스 02) 319 - 3537
홈페이지주소 http://www.jinhanbook.co.kr
등록번호 제25100-2016-000019호 (등록일자 : 1993년 05월 25일)
ⓒ2024 jinhan M&B INC, Printed in Korea

ISBN 979-11-290-5165-3   (93540)   [정가 38,000원]

☞ 이 책에 담긴 내용의 무단 전재 및 복제 행위를 금합니다.
☞ 잘못 만들어진 책자는 구입처에서 교환해 드립니다.
☞ 본 도서는 [공공데이터 제공 및 이용 활성화에 관한 법률]을 근거로 출판되었습니다.